커피와 바다

한국과학기술한림원

- 과학기술에 전문적 경륜과 식견을 가진 석학들을 회원으로 엄선, 각 부문별 전문성을 효율적으로 활용함으로써 국가 과학기술의 진흥과 창달에 기여하기 위해 1994년에 설립되었습니다.
- 2005년 기초과학연구진흥법 제11조(한국과학기술한림원의 설립 등)에 의거 법정기구화되었습니다.
- 독립성, 자율성 및 전문성을 바탕으로 하는 순수 민간 과학아카데미로, 편견 없는 대정부 정책자문을 통해 올바른 과학기술정책의 수립을 유도하고 있으며, 범부처적 국가 과학기술정책에 대한 자문과 건의를 통한 과학기술발전의 장기적 비전을 제시하고 있습니다.
- 우리나라의 과학기술 선진국 진입을 위한 기초 과학기술 진흥사업을 수행하고 있으며, 외국 한림원 및 과학기술 국제기구 등과의 학술교류를 통해 과학기술 민간외교의 중심체 역할을 담당하고 있습니다.

커피와 바다

1판 1쇄 찍음 | 2019년 11월 10일
1판 3쇄 펴냄 | 2021년 1월 20일

지은이 | 김성용
발행인 | 김지영
발행처 | 자유아카데미
등록 | 제 406-2003-017호, 1980. 7. 12

주소 | 경기도 파주시 회동길 37-42 파주출판도시
전화 | 031-955-1321
팩스 | 031-955-1322
홈페이지 | www.freeaca.com
전자우편 | main@freeaca.com(대표)
editor@freeaca.com(편집)
crm@freeaca.com(영업)

ISBN 979-11-5808-238-3 93450

한국과학기술한림원
『석학, 과학기술을 말하다』 시리즈 ㉞

커피와 바다

알기 쉽게 풀어낸 바다의 상식

글 · 그림 김성용

자유아카데미

책을 시작하며

집필을 시작하면서 이 책을 통해 그동안 연구하고 공부해 온 분야를 대중들과 조금이나마 공유할 수 있을 것이라는 기대로 매우 기뻤습니다. 다만 글을 쓰면서 전달하고자 하는 내용을 정하고 독자들에게 효과적으로 전달하는 방식들을 찾는 일이 생각만큼 쉽지 않다는 것을 알게 되었습니다. 그래서 최대한 글로 풀어서 설명하고 이해를 돕기 위한 그림들을 직접 그려 넣었습니다. 이러한 노력들이 독자들이 이해하는 데 많은 도움이 되기를 바랍니다.

과학자가 된다는 것은 근시안적인 시각에서 벗어나 해당 학문에 대한 가치와 사명을 가지고 앞으로 나아가는 것이라고 생각합니다. 바다를 아는 것이 곧 나라를 지키고 유지시키는 힘이라는 것을 실감하고 있는 요즈음입니다. 이 책을 그런 의미의 연장선상에 놓고 싶은 욕심도 있습니다. 이 책이 바다로 둘러싸인 우리나라에서 더욱 많은 사람들이 바다에 관심을 가지고, 해양학자들을 다수 배출하게 하는 작은 역할이라도 할 수 있다면 큰 보람일 것입니다.

한국과학기술한림원 석학지원 사업을 통해 예산 지원을 결정해주신 출판위원회 회원분들과 한국과학기술한림원 원장님께 감사드립니다. 더불어 원고 초안 및 수정에 대한 조언을 해주신 자유아카데미 출판사 편집자님과 디자이너에게도 감사드립니다. 끝으로, 여러모로 격려와 도움을 준 아내에게 감사를 표합니다.

다시 한 번, 이 책이 지구과학과 해양분야의 저변을 넓히는 데 도움이 되기를 소망합니다.

방향잡기

이 책에서는 커피와 같이 우리 주변에서 손쉽게 만날 수 있는 유체를 소개하고, 커피에서 발견되는 유체의 특성들을 바다로 연장하여 바다를 쉽게 설명하고자 합니다. 사물의 원리와 기초를 대하는 것은 때로는 어려운 일이고, 이러한 지식들이 어디에 어떻게 사용되는지 알지 못하면 지루한 여정이 되기 마련입니다. 중고등학교 학생들을 대상으로 쉽고 편한 언어로 기술하고자 한 만큼 그 내용이 일반 대중에게도 쉽게 전달될 수 있었으면 합니다. 이 책을 읽은 독자들이 바다에 대한 다양하고 무한한 가능성을 발견하는 좋은 기회가 되기를 바랍니다. 또한 바다와 관련된 안전상식을 통해 유체에 관한 원리를 이해하고 위험한 상황에 대처하는 지혜를 얻을 수 있을 것입니다.

이 책의 구체적인 내용을 장별로 살펴보면 다음과 같습니다. 1장에서는 유체의 정의를 시작으로 유체의 특징을 소개하고, 2장에서는 커피를 통해 배울 수 있는 유체를 언급하고 있습니다. 3장에서는 커피와 바다의 연결고리를 밝히고, 4장에서는 바다에서 볼 수 있는 현상들과 안전상식을 소개하고 있습니다. 5장에서는 우리가 바다에 대해 잘 몰랐던 사실을 조명하고 있으며, 마지막으로 6장에서는 바다를 앎으로서 생기는 국력과 해양학자로서의 당부를 담았습니다. 주제의 특성상 한번에 설명하기 어려운 내용들이 많지만 내용들이 서로 연관되어 있기 때문에 읽으면 읽을수록 이해가 깊어지고 재미를 느낄 수 있을 것입니다. 이 책을 읽은 독자들이 유체로 인한 여러 가지 현상들을 이해하고 생활속에서 유체를 친숙하게 바라보는 계기가 되었으면 합니다. 더 나아가 생활 안전에 대한 지식를 가지며, 동시에 해양과학과 해양공학의 저변을 넓히는 데 도움이 될 수 있다면 더할 나위 없을 것입니다.

본문에서는 해양생물 친구들인 해파리 해리, 요각류(Copepod) 코리, 물고기 어리, 무리쉬 아이돌(Moorish Idol) 아리 및 불가사리 부리가 등장하여 설명을 도와줄 예정입니다. 이 책을 통해 독자들이 과학적인 관점에서 바다를 바라볼 수 있기를 바랍니다. 커피를 좋아하지 않는 독자분들은 코코아를 생각하며 읽어도 좋습니다.

이 책의 차례

1장
우리 주변의 다양한 유체와 유동

2장
커피로부터 배우는 유체

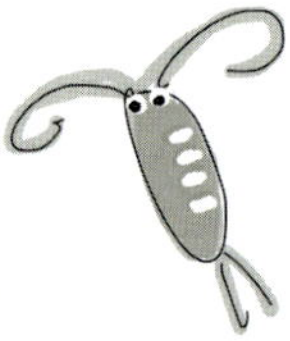

3장
커피에서 바다로

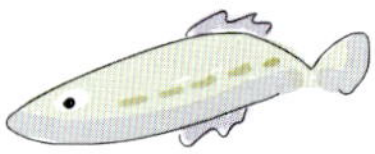

1장

우리 주변의 다양한 유체와 유동

1 유체는 무엇일까요?

유체는 고체와 달리 물, 커피 등과 같이 고정된 모양을 가지지 않는 그 무엇입니다. 학문적인 언어를 이용하여 우리 주변에서 손쉽게 만날수 있는 유체를 정의하면 다음과 같습니다.

정지 상태의 유체는 담는 그릇의 모양에 따라 형태가 변하고, 공기와 경계를 이루는 수면으로부터 같은 깊이에서 동일한 압력이 작용합니다.

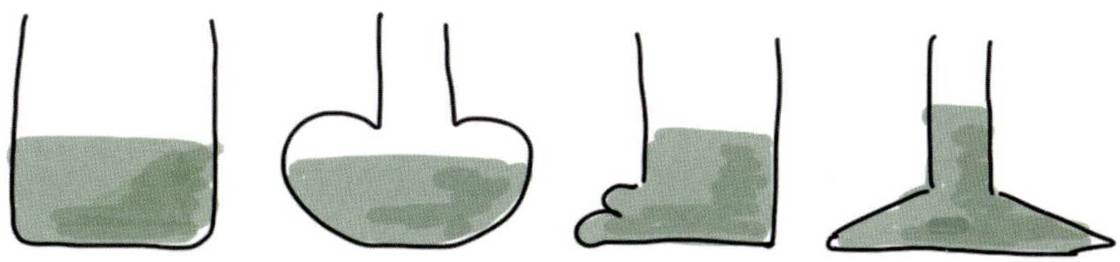

그림 1.1 같은 양의 물을 모양이 다른 그릇에 담았을 때 각각 서로 다른 형태로 보이는 유체의 예

유체에서의 압력을 살펴보기 전에 먼저 압력을 정의해 봅시다.

압력은 주어진 면적에 작용하는 힘의 크기라고 합니다. 다음 그림 1.2에서 같은 무게의 두 수박이 구와 정육면체 모양으로 탁자 위에 놓여 있을 때, 탁자에 가하는 압력은 어떻게 다를까요? 탁자에 닿는 면적은 구 모양의 수박은 점으로, 정육면체 모양의 수박은 정사각형인 면으로 서로 다릅니다. 힘이 작용하는 면적은 정육면체 모양의 수박이 더 크기 때문에 압력은 구 모양의 수박보다 작습니다. 즉, 같은 힘이 작용하더라도, 힘이 작용하는 면적이 작으면 압력이 크고, 면적이 크면 압력은 작아집니다(그림 1.2).

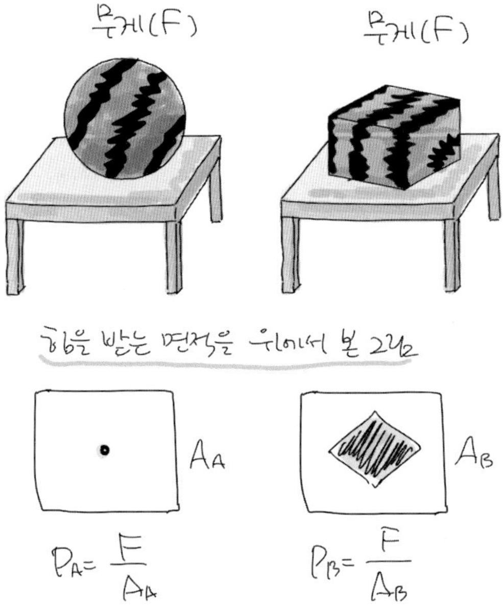

그림 1.2 같은 무게(F)의 수박이 구와 정육면체로 탁자 위에 놓여 있을 때, 닿는 면적(A_A와 A_B)이 다른 경우의 압력(P_A와 P_B)

특히 압력을 면적과 곱하거나, 압력이 가해진 면적에 대해 압력을 모두 더하면, 가해진 힘을 계산할 수도 있습니다.

2 신발 모양 그릇에 담긴 물의 비밀

이제 정지한 유체에서 압력, 즉 정압(hydrostatic pressure)에 대해 살펴봅시다. 유체의 밀도가 깊이에 관계 없이 그릇 안에서 일정하다고 할 때, 정지한 유체는 같은 깊이에서 같은 압력을 가집니다(그림 1.3과 1.4).

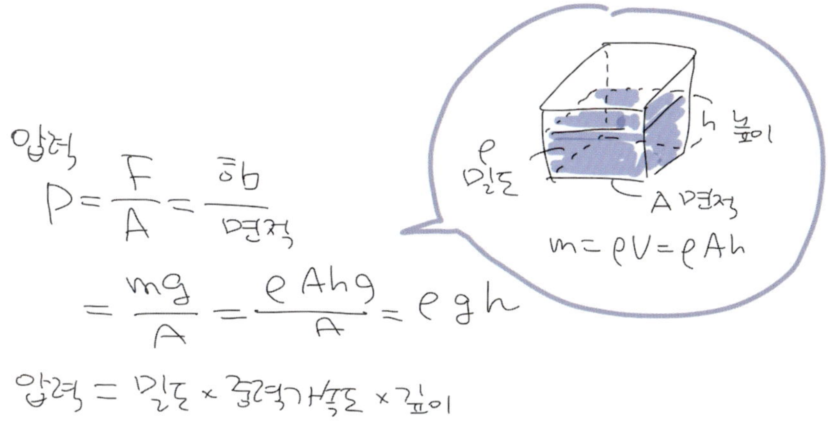

그림 1.3 유체가 정지해 있을 때 깊이 h에서의 압력 P를 유체의 밀도 ρ와 중력 가속도 g로 나타냄.

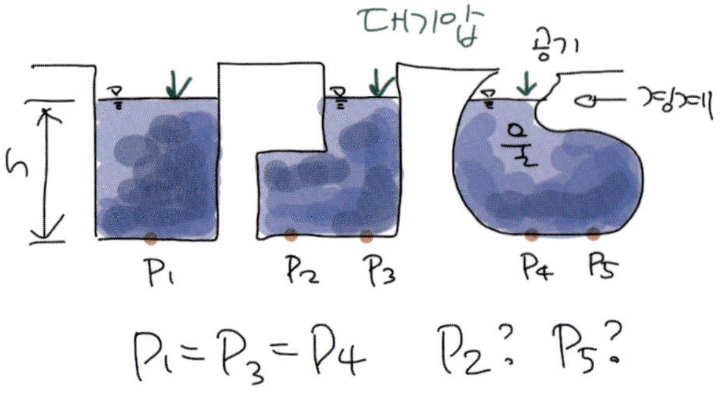

그림 1.4 물과 공기의 경계를 기준으로, 정지 상태의 유체에서 같은 깊이에는 같은 압력이 작용함.

산에 올라가면 압력이 낮아지고 비행기를 타고 하늘로 올라가면 압력이 낮아지는 이유는 무엇일까요? 그것은 바로 대기압이 낮아지기 때문입니다. 대기압은 관찰자의 머리 위에 쌓인 단위 면적당 공기의 무게로 계산할 수 있습니다(그림 1.5). 해수면과 산중턱에서 같은 면적에 작용하는 힘을 고려할 때, 해수면에서는 공기의 높이가 h_A, 산중턱에서는 h_B로 산중턱에서 공기의 높이가 더 작기 때문에 산중턱에서 대기압이 더 낮습니다(그림 1.5).

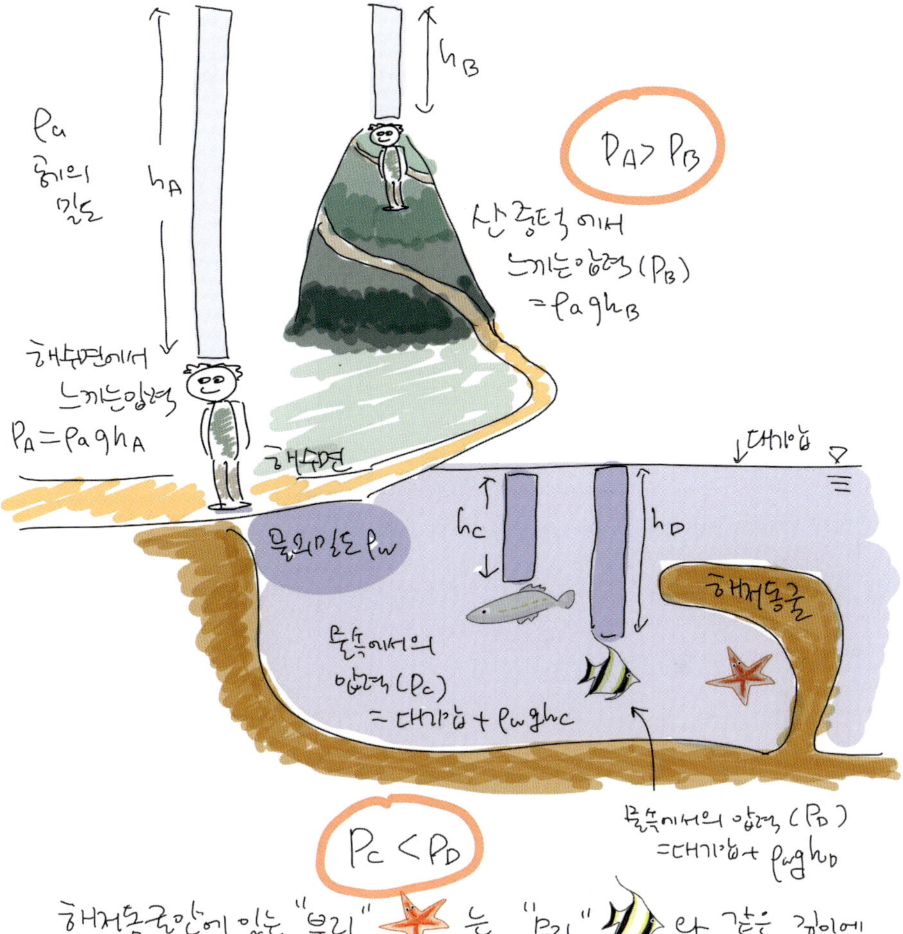

그림 1.5 해수면 및 산중턱에서의 공기압과 바닷물 속에서의 압력의 예. 압력은 P, 중력가속도는 g, 공기의 밀도는 ρ_a, 물의 밀도는 ρ_w로 정의함.

이와 마찬가지로, 어느 깊이에서의 물에 의한 압력은 물이 쌓인 높이로 볼 수 있습니다. 즉, 압력을 표현할 때, 관심 있는 깊이에서 그 위에 쌓인 유체의 무게를 면적으로 나누어 표현할 수 있습니다.

그릇의 모양이 다름에 따라 유체가 채워지는 모양이 달라지기 때문에, 신발 모양 그릇에 담긴 유체의 바닥에서의 압력이 서로 다르지 않을까 하는 생각이 들 수도 있을 것입니다(그림 1.6). 왜냐하면, 신발 모양의 그릇에서 바닥으로부터 쌓인 물의 높이(h_a와 h_b)가 서로 다르기 때문입니다. 즉, 그림 1.5의 P_5가 P_4보다 작을 것이라고 생각할 수도 있습니다.

만약 같은 깊이에서 서로 다른 압력이 작용하면($P_4 \neq P_5$), 힘의 불균형 상태를 평형 상태로 만들기 위해 유동이 발생할 수 있습니다. 이와 같이 압력차가 있으면($P_4 \neq P_5$) 유동이 생깁니다. 다만 우리는 압력의 평형이 일어난 후의 정지 상태의 유체를 고려하고 있는 것이기 때문에, 결국 압력의 차이는 없다고 결론내릴 수 있습니다($P_4 = P_5$). 즉, 유체의 높이로 압력을 산정할 수 있으나, 정지 상태의 유체에서는 압력의 평형이 이루어져 같은 깊이 또는 높이에서 유체에 의한 압력은 일정합니다.

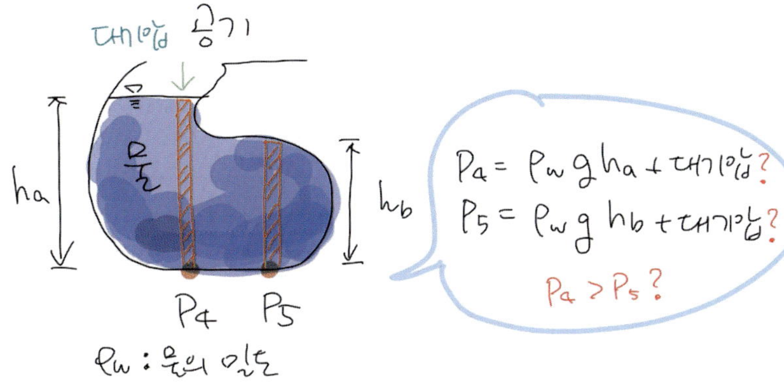

그림 1.6 신발 모양의 그릇에 담긴 유체에서 압력의 비교

유사한 질문으로 정지해 있는 바닷물 속 어리는 h_c 깊이에, 무리와 부리는 h_d의 같은 깊이에 있습니다(그림 1.5). 다만, 부리는 해저동굴에 있어 무리와 깊이는 같은 곳에 있지만, 부리 머리 위의 물의 높이는 더 작습니다. 해수면이나 산중턱에서는 공기에 의한 압력만 고려하면 되지만, 물속에 있는 이들은 공기에 의한 대기압과 물에 의한 수압을 동시에 고려해야 합니다. 어리는 무리보다 얕은 깊이에 있기 때문에, 어리는 무리보다 작은 압력을 받게 됩니다. 정지한 유체에 대해 신발 모양 그릇 바닥에서의 압력이 서로 같은 것을 보면(그림 1.4와 1.6), 바닷물이 정지해 있는 경우 부리와 무리는 같은 깊이에 있기 때문에 같은 압력이 작용합니다(그림 1.5).

따라서, 관심 있는 깊이에서 그 위에 쌓인 물이 없더라도 연속적으로 연결된 유체가 정지해 있다면, 물이 쌓인 높이와 관계 없이 물과 공기의 경계면으로부터 같은 깊이에 있으면 같은 압력을 가집니다(그림 1.2에서 $P_1=P_2=P_3=P_4=P_5$).

만약에 바닥에서의 압력이 서로 다르다면 압력이 동일해지도록 유동이 발생하고 결국 압력의 균형이 이루어집니다. 압력에 의한 유동은 이후에 다루겠습니다.

물을 막아두기 위한 댐을 설계할 때, 세워둘 구조물에 대해 생각해 봅시다(그림 1.7). 압력은 물의 깊이가 깊을수록 증가하기 때문에, 댐의 바닥은 물의 무게(압력 곱하기 바닥의 면적)를 견딜 수 있도록 단단한 땅으로 되어 있어야 하고 그렇지 못한 경우 보강이 필요합니다. 또한 물을 막아둘 구조물은 위와 아래가 같은 두께로 같은 힘을 견딜 수 있는 구조가 아닌, 깊이가 깊을 수록 큰 힘에 견딜 수 있도록 설계되어야 합니다. 물을 받아두는 저수지, 수영장, 화장실 욕조, 어항 등을 설계할 때, 구조적으로 가장 취약할 수 있는 곳은 어디일까요? 압력이 크게 작용하는 바닥과 바닥에 인접한 옆면입니다. 이 부분에는 정압에 따른 구조적인 설계가 뒷받침되어야 합니다. 예를 들어 수영장이나 수조의 물을 새롭게 갈아주기 위해 물을 모두 제거하고 새로운 물을 채우는 경우에는 주의가 필요합니다. 물의 압력을 견디고 있는 구조물에서 물을 제거하면 힘의 평형이 사라져 구조물에 결함이 생기거나 심하면 안쪽으로 무너질 수도 있습니다. 가정에서 사용하는 욕조는 이러한 조건을 견딜 수 있는 재질로 만들어져 위와 같은 일이 일어나지 않지만, 앞서 예시로 든 수영장과 같이 큰 규모의 물을 저장하고 관리하는 곳에서는 유의할 필요가 있습니다. 물을 갈아줄 때는 적당한 물 높이를 유지하면서 물을 내보낸 만큼 새로 물을 넣는 방법을 택하는 것이 이상적이지만, 이러한 방법으로는 수영장의 물을 완벽하게 깨끗하게 하기는 어렵겠지요.

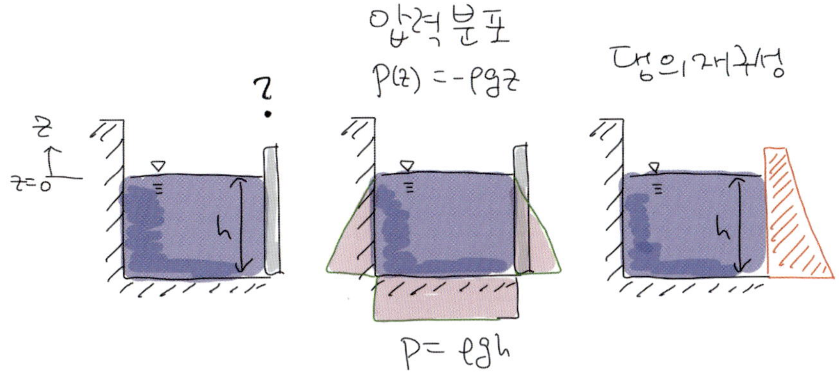

그림 1.7 댐의 설계시 물을 막는 구조물의 양 옆과 바닥에 작용하는 압력을 고려할 필요가 있음.

잠수를 해 본 경험을 생각해 봅시다. 물에 깊이 들어가면 들어갈수록 증가하는 압력을 느껴 귀의 통증이 더해지는 것을 알 수 있습니다. 깊이 들어가지 않더라도 욕조에 잠시 들어가 봐도 알 수 있습니다. 정압을 고려하면, 물속의 공기 방울이 물 밑에서 표층으로 올라오면서 그 크기가 점점 커지는 것도 예상할 수 있습니다. 이는 물속에서의 압력이 표층에 가까울수록 작고 깊을수록 크기 때문에 표층 가까이 올수록 공기를 감싸는 압력이 점점 작아져 공기의 크기(부피)가 점점 커지는 것입니다(그림 1.8). 특히 공기 방울은 좌우보다는 수직으로 이동하는 경향이 큽니다. 왜냐하면 같은 깊이에서 같은 부피의 물보다 공기 방울의 무게가 더 가볍기 때문에 점점 위로 이동하는 것이 자연스럽기 때문입니다. 탄산음료가 든 컵 안의 공기 방울이 위로 이동하는 것을 보면 이해하기 쉽습니다.

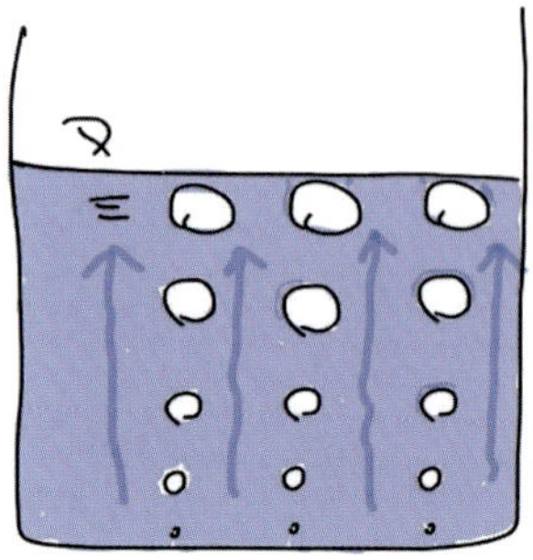

그림 1.8 물 밑 공기 방울은 물과 공기의 경계에서 멀수록 압력이 높아 공기 방울의 크기가 작고, 가까울수록 압력이 낮아 공기 방울의 크기가 커짐.

공기보다 가벼운 헬륨이 든 풍선은 수직으로 세워져 있지만, 일반 풍선은 공기와 무게가 비슷하여 가라앉습니다(그림 1.9). 헬륨 풍선이 하늘로 날아가 버리면 아래에서 올려다볼 때는 거리가 멀어지기 때문에 그 크기가 점점 작아지는 것 같지만, 실제 높이에서 보면 대기압력이 점점 낮아져 풍선이 점점 커지고 결국 터지고 맙니다(그림 1.9).

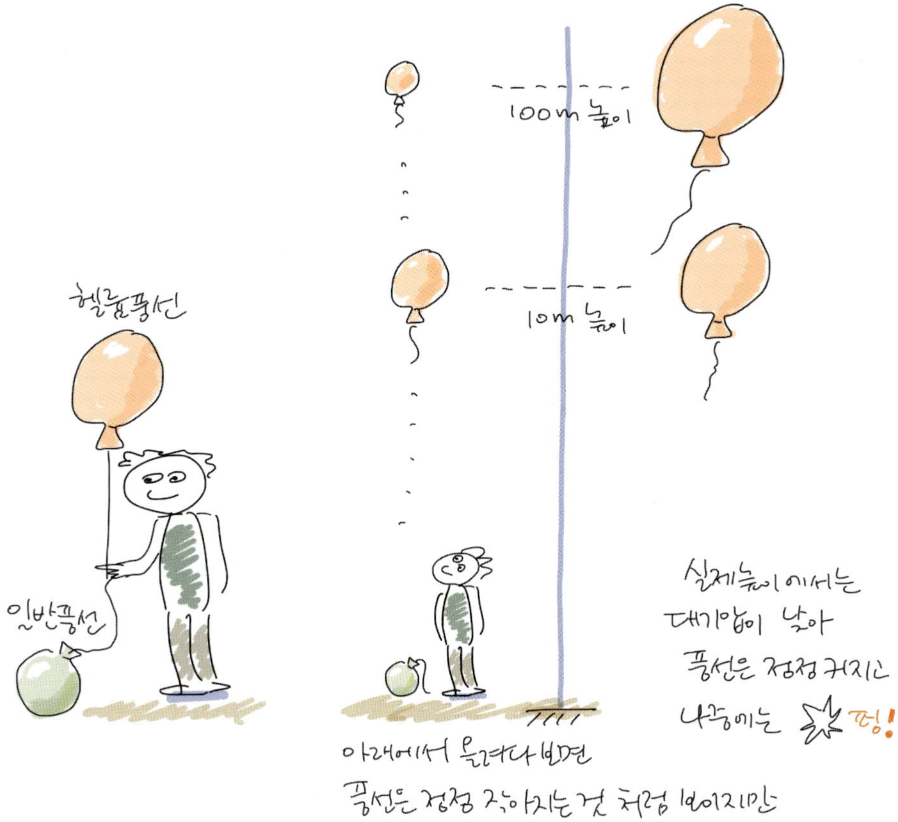

그림 1.9 헬륨과 공기가 든 풍선의 비교와 하늘로 올라가면서 크기가 점점 작아지는 것 같지만 실제로는 크기가 점점 커지는 헬륨 풍선의 예

3 물을 기울여 봅시다

지금까지는 유체가 정지해 있을 때, 유체로 인한 압력에 대해 살펴보았는데, 이제는 유체가 움직일 때, 이를 움직이게 하는 힘과 유체가 움직이면서 생기는 현상에 대해 살펴봅시다.

정지 상태의 유체에 힘을 가하여 움직이게 하는, 즉 유동을 만드는 몇 가지 방법이 있습니다. 첫째로 유체에 작용하는 중력을 이용할 수 있습니다. 물을 마시기 위해 물병을 기울이고, 컵을 기울이는 것을 떠올릴 수 있습니다(그림 1.10).

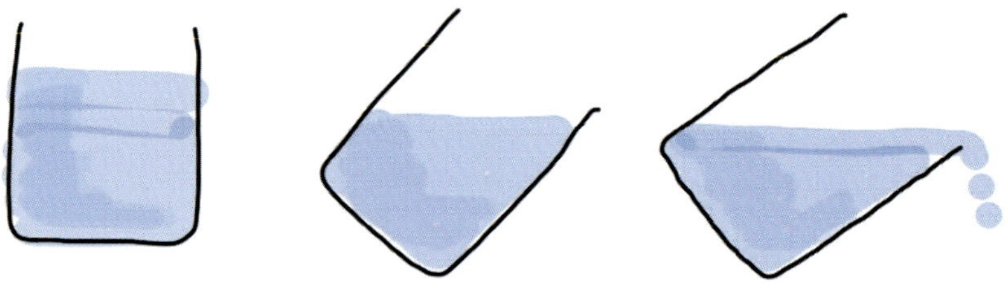

그림 1.10 물이 담긴 그릇을 기울여 중력을 이용하여 유동이 생기게 함.

정지해 있을 때 물이 담긴 그릇을 기울여 유동을 만드는 원리는 가벼운 공기가 점유하고 있던 공간을 무거운 물이 공기를 밀어내며 중력에 의해 유동이 생기는 과정으로 생각해 볼 수 있습니다. 물과 공기 사이의 밀도 차이는 약 1000배로서, 같은 공간을 차지하는 (같은 부피의) 물과 공기를 비교하면 물이 1000배 무겁고, 물과 공기가 서로 간의 계속되는 무게 비교를 통해 물이 공기의 자리를 차지하며 이동하는 것으로 생각할 수 있습니다.

4 물을 꾹 눌러도 움직여요

정지해 있는 유체에 유동을 만드는 두 번째 방법으로 유체에 압력을 가하는 방법이 있습니다. 구체적으로 압력의 차이를 이용하여 유동을 만들수 있는데, 빨대로 물을 마실 때 어떠한 원리들이 적용되어 유동이 생기는지 살펴봅시다(그림 1.11). 컵에 빨대를 꼽아두고 물이 정지해 있을 때는 물컵 안과 입안의 압력이 동일하여 물은 이동하지 않고 정지해 있습니다(그림 1.11 왼쪽). 물을 입안으로 이동시키기 위해 우리는 빨대를 통해 물을 빨아들이는데, 이는 물컵 안의 압력보다 입안의 압력을 상대적으로 낮춤으로써 물이 입으로 이동하게 합니다(그림 1.11 중간). 그 반대로 입안의 공기를 불어넣어 입안의 압력을 높이면, 물컵 안의 압력은 상대적으로 낮아져 빨대 안의 물은 물컵으로 이동하고 결국 물컵 안으로 공기 방울이 나오게 할 수 있습니다(그림 1.11 오른쪽).

그림 1.11 정지하고 있는 유체에 물컵 안(P_1)과 입안(P_2)의 상대적인 압력을 변경함으로써 유동을 만들 수 있음.

유동의 부호와 압력 차이의 부호가 어떻게 관련 있는지 살펴봅시다. 일반적으로 물은 압력이 높은 곳에서 낮은 곳으로 이동합니다. 왼쪽의 압력이 높으면 물은 오른쪽으로, 오른쪽의 압력이 높으면 물은 왼쪽으로 이동합니다(그림 1.12). 달리 말하면, 압력의 차이와 물의 이동 방향이 서로 반대 방향을 이룹니다. 이를 간단한 수식으로 표현하면 다음과 같습니다.

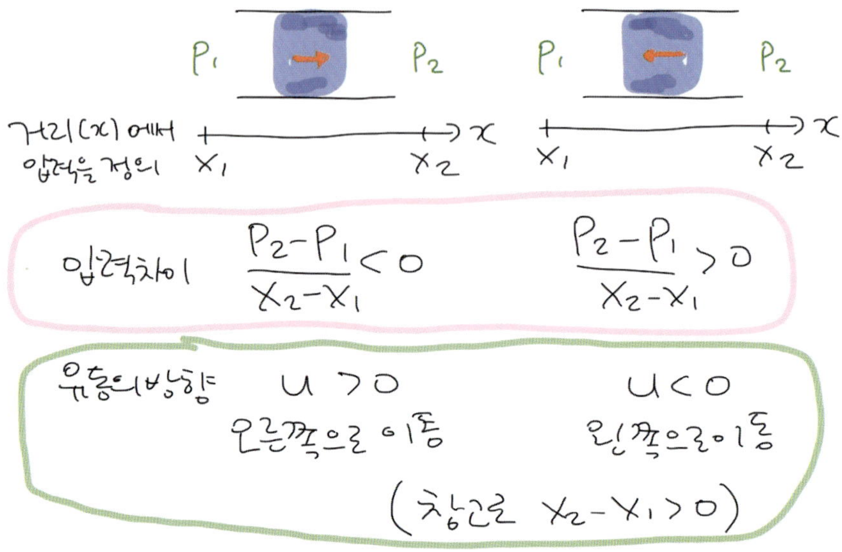

그림 1.12 압력 차이를 나타내는 부호(양수와 음수)와 유동을 나타내는 부호(양수와 음수)가 서로 반대임.

또한 압력에 의해 유동이 생기는 경우, 유동의 부호와 압력의 차이의 부호는 서로 반대이지만, 압력이 가해지는 면, 즉 힘이 가해지는 면과 유동이 생기는 방향은 서로 같습니다. 예를 들어, 유동이 오른쪽 또는 왼쪽로 움직일 때, 압력이 작용되는 면은 오른쪽 또는 왼쪽 면이라는 의미입니다(그림 1.12). 이렇게 유체에 힘이 작용되는 면과 유동의 방향이 서로 같거나 평행한 경우, 이를 수직한 힘(수직력)이라고 합니다(그림 1.13).

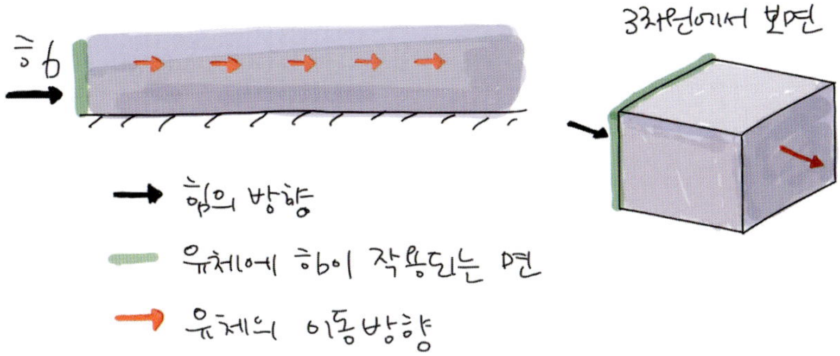

그림 1.13 유체에 힘이 작용되는 면과 유동의 방향이 서로 같거나 평행한 수직력이 작용하는 예

조금 어려운가요? 뒤에 더 자세한 설명이 나오니 잠시만 기다려 주세요.

5

물에도 마찰력이 있네요

압력에 의해 유동이 생기는 것과는 다르게, 유동의 방향과 힘이 가해지는 면의 방향이 같은 방향이 아니고 일정 각도를 가지거나 수직한 경우에도 유동이 생길 수 있습니다. 힘을 유체의 위쪽 또는 아래쪽 면에 작용시켜도 오른쪽 또는 왼쪽으로 유동이 생길 수 있습니다. 예를 들어, 물이 담긴 물컵에 입으로 바람을 불면 물컵 윗부분의 물이 바람의 방향으로 이동하는데, 이는 물컵 표면의 물과 바람 사이에 마찰이 작용하여 생긴 현상으로 생각해 볼 수 있습니다. 즉, 바람이 적용되는 방향은 위쪽면이지만, 유동의 방향은 오른쪽 또는 왼쪽으로 향합니다. 즉, 힘의 방향과 힘이 작용되는 면의 방향이 서로 수직인 경우, 이를 전단력(shear force)이라고 합니다(그림 1.14). 전단력의 어감이 어렵다면, 마찰력(frictional force)이라고 생각해도 무방합니다.

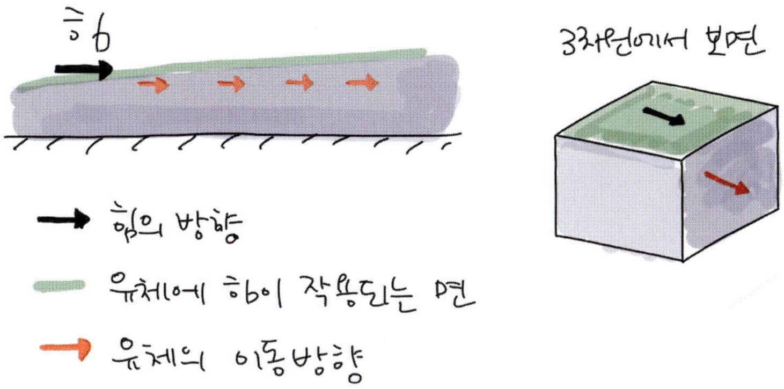

그림 1.14 유체에 힘이 작용되는 면과 유동의 방향이 서로 수직한 전단력이 작용하는 예

6
물속에서 꽃핀 잉크 방울

마지막으로 유체를 이동시키는 방법으로 분자 간의 인력에 의한 점성이 만드는 확산이 있습니다. 점성은 유체가 흐르는 것을 막는 정도라고 할 수 있습니다. 유체가 이동하려는 방향으로 힘을 가하면 흐르게 되는데, 이때 유체가 잘 흐르지 않으면 점성이 높고, 잘 흐르면 점성이 낮다고 합니다. 예를 들어, 꿀과 물을 흐르게 하기 위해 접시 위에 같은 양을 올려두고 접시를 기울여 중력을 작용시켜 봅시다. 꿀이 물보다 더 느리게 흐르는 것을 확인할 수 있습니다(그림 1.15). 다시 말해 꿀이 물보다 점성이 더 높다는 의미입니다.

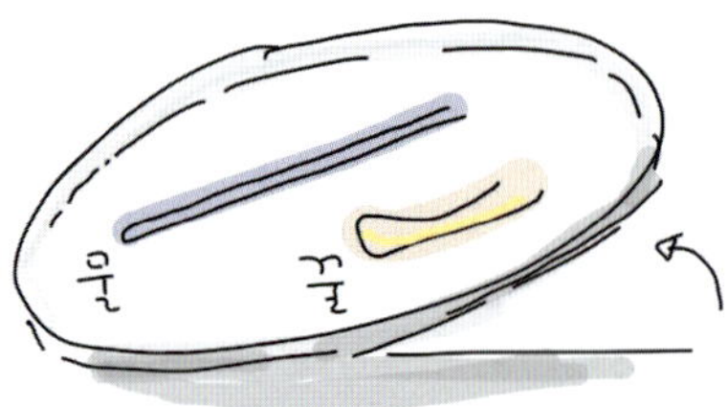

그림 1.15 동일한 양의 꿀과 물을 접시에 놓고 접시를 기울여 같은 시간에 먼저 멀리 이동하는 것으로 점성이 낮고 높음을 표현함.

이와 같이 점성은 유체 이동에 저항하는 정도를 나타냅니다. 점성과 밀도는 어감상 비슷하여 혼용하는 경우도 있으나, 전혀 다른 물리량입니다. 점성의 다른 정의는 유체 내에서 확산해 나가는 속도입니다(밀도의 정의는 2.1절을 참고해요). 점성에 의한 유체의 이동은 정지 상태의 물에 잉크를 넣어 보면 알 수 있습니다. 이를 브라우니안 운동이라고 하는데, 물 분자 간 인력과 잉크 분자 간의 인력에 의한 효과로 인하여 잉크가 정지 상태의 유체 내에 퍼져나가는 것을 말합니다(그림 1.16).

그림 1.16 정지 상태의 유체에 두 다른 색의 잉크를 떨어뜨려 잉크가 퍼져나가는 모습을 그릇 위에서 바라본 장면

바람과 물 사이에 마찰 또한 점성에 의해 가능합니다. 이와 관련된 자세한 설명은 이후의 내용에서 이어가기로 하겠습니다.

1장은 해리가 요약을 도와줄게요.

- 유체에는 중력, 압력, 마찰력(전단력), 분자간의 인력에 의한 점성이 각각 작용하거나 이들의 조합을 통해 유동이 만들어져요.
- 정지한 물에 작용하는 압력은 물 아래 깊이가 같으면 동일한 압력이 작용해요.
- 압력을 높이는 방법은 작용하는 힘을 크게 하거나 힘이 작용하는 면적을 작게 하면 가능해요.

2장

커피로부터 배우는 유체

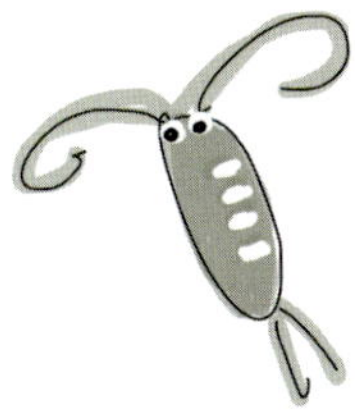

1 커피의 특징

커피하면 무엇이 떠오르나요? 커피의 맛이 떠오를 수도 있고, 설탕과 시럽 중 어느 것을 넣어야 맛이 더 좋아질지 생각해 볼 수도 있을 것입니다. 커피에 우유를 넣을 때 이들이 섞이는 다양하고 신기한 모습이 떠오르지요.

우리는 적절한 맛과 취향을 위해 커피에 무언가를 섞습니다. 균일하게 섞인 그 유체를 우리는 혼합물이라고 하는데, 여기서는 그 섞인 정도를 표현하는 몇 가지 방법에 대해 이야기하려고 합니다.

농도

농도(S)는 주어진 혼합물에 들어 있는 물질의 양을 비율로 나타내는 지표입니다. 예를 들어, 10% 농도의 설탕물은 설탕물 100 g당 설탕 10 g이 들어 있다는 의미입니다(그림 2.1).

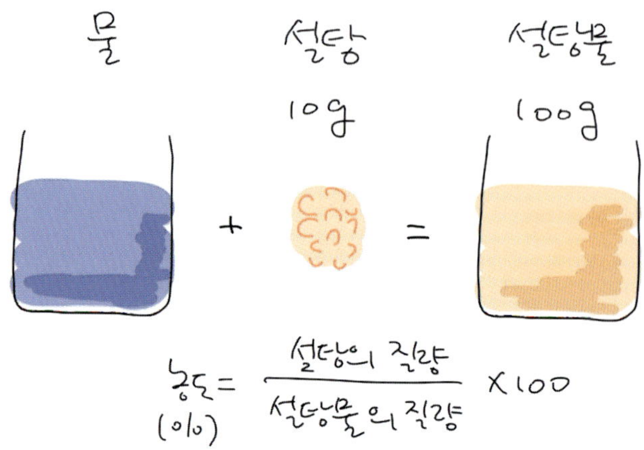

그림 2.1 혼합물 농도의 정의

밀도

밀도(ρ)는 주어진 부피에 얼마만큼의 질량이 들어 있는지 나타내는 지표입니다(그림 2.2). 부피가 같은 두 개의 유체의 밀도가 서로 다르면, 질량이 다르다고 할 수 있습니다. 즉, 부피가 같은 두 유체를 비교할 때, 질량과 밀도는 같은 의미로 사용될 수 있습니다. 또한, 모든 질량을 가진 물체는 중력의 영향을 받기 때문에, 중력 가속도가 같은 경우 무게와 질량은 같은 의미로 사용할 수 있습니다.

그림 2.2 밀도의 정의

중력에 영향을 받는 질량을 가진 모든 물체들이 오직 중력에 의해 자유롭게 배치된다고 가정하면, 가벼운 것은 지구 중심으로부터 멀리 위치하고, 무거운 것은 지구 중심으로부터 가까운 곳에 위치하게 됩니다. 달리 설명하면,

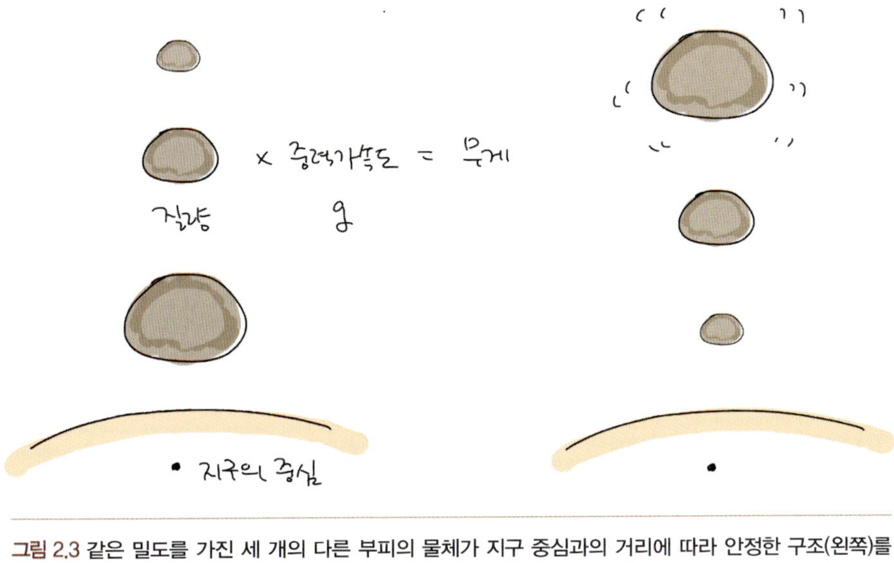

그림 2.3 같은 밀도를 가진 세 개의 다른 부피의 물체가 지구 중심과의 거리에 따라 안정한 구조(왼쪽)를 가지거나 불안정한 구조(오른쪽)를 가지는 경우의 예

그림 2.4 유체의 수직 방향 밀도차에 의해 배치된 안정된 구조

가벼운 것은 위쪽에, 무거운 것은 아래쪽에 위치하여 안정된 구조를 가집니다(그림 2.3 왼쪽). 따라서 가벼운 것을 아래에 놓고 무거운 것을 그 위에 올려두면 쉽게 무너질 수 있는 불안정한 구조를 가지게 됩니다(그림 2.3 오른쪽).

안정된 구조의 유체는 밀도가 높은 것이 아래쪽에, 밀도가 낮은 것이 위쪽에 위치하게 합니다(그림 2.4).

온도

지금까지 농도와 밀도에 대해 살펴보았는데, 우리 주변에서 볼 수 있는 유체는 농도와 밀도 이외에 온도(T)로도 그 유체의 특징을 나타낼 수 있습니다. 상온에서의 물, 따뜻한 커피, 더운 여름 공기, 차가운 물 등 유체의 온도는 유체를 특징지을 수 있는 변수 중에 하나입니다.

혼합물에서 온도의 영향을 살펴봅시다. 상온에서 동일한 양, 동일한 농도의 설탕물을 두 그릇을 준비하여, 하나는 그대로 두고 다른 하나는 아주 천천히 상온에서 10 ℃ 정도 높여 봅시다. 설탕물의 증발이 일어나지 않도록 밀폐

용기에 넣어 따뜻한 방이나 오븐에 넣어 둡시다. 일반적으로 혼합물은 온도가 증가할수록 밀도가 감소하여, 두 설탕물은 농도가 동일하지만 데운 설탕물은 상온의 설탕물보다 밀도가 낮습니다. 따라서, 같은 밀도의 설탕물을 만들기 위해서는 더운 설탕물에 추가로 설탕을 넣어야 합니다. 즉, 밀도는 농도에 영향을 받지만, 동시에 온도에도 영향을 받습니다. 과학적으로 이야기하면 밀도는 농도와 온도의 함수로 정의할 수 있습니다(그림 2.5).

$$\text{밀도} = f(\text{온도}, \text{농도})$$
$$\rho = f(T, S)$$

그림 2.5 혼합물의 밀도는 온도와 농도의 함수 관계

2

어떤 커피를 좋아하시나요?

지금까지 혼합물이 온도, 농도, 밀도에 영향을 받는다는 것을 설탕물을 이용하여 살펴보았습니다. 이와 유사하게 혼합물의 일종인 커피도 온도와 밀도, 농도를 조절하거나 우유와 크림 등을 첨가하여 다양한 변화가 가능합니다. 몇 가지 예로, 커피의 농도가 높은 에스프레소, 얼음과 물에 희석시켜 먹는 아이스 아메리카노, 커피와 우유를 섞어 확산과 혼합을 보여 주는 카페라떼, 크림과 같이 먹는 비엔나 커피, 우우거품과 초코시럽을 넣는 카푸치노와 카페모카 등을 들 수 있습니다(그림 2.6).

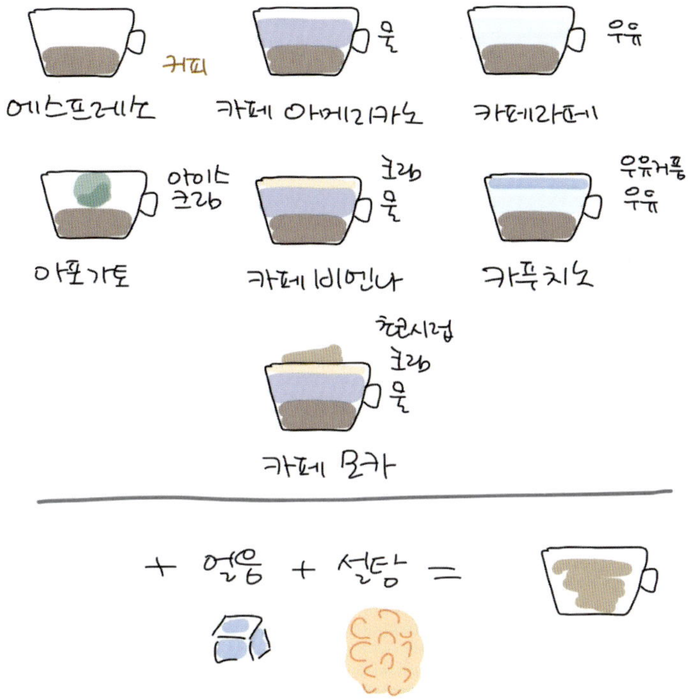

그림 2.6 우유, 크림, 초코시럽, 얼음, 설탕 등의 조합으로 만들어진 다양한 커피의 예

3 커피에 바람을 불면

앞에서 잠시 언급되었던, 바람을 불어 물을 움직이는 경우 점성에 의한 마찰의 효과로 설명하였습니다. 이를 더 자세히 살펴봅시다. 마찰력을 이용하여 점성을 가진 유체를 움직이게 할 수 있고, 움직이던 유체를 멈추게도 할 수 있습니다. 뜨거운 커피를 식히기 위해 바람을 불면 바람의 방향으로 커피가 밀려가는 것을 볼 수 있습니다(그림 2.7). 그와 동시에 바람에 의해 커피의 온도가 낮아지기도 합니다. 이는 익숙한 현상이기 때문에 당연하게 받아들

그림 2.7 커피에 바람을 불어 이동시키는 장면

일 수도 있지만 과학적인 발견의 첫걸음은 언제나 익숙한 것들을 꼼꼼히 살펴보는 데서 시작하기 마련입니다. 그렇다면 어떻게 바람이 커피를 움직이게 하는 걸까요?

바람을 불어 커피가 이동하는 것을 조금 더 상세히 기술해 보면 다음과 같습니다. 바람이 커피에 힘을 작용하고(전단력: 힘의 방향과 힘이 가해지는 면이 수직한 힘) 커피의 점성에 의해 커피와 공기가 만나는 면에 마찰이 생기고, 이러한 미는 힘이 커피를 이동시킵니다. 물론 커피의 윗부분을 이동시킵니다. 크림이 있는 경우 가해 준 마찰력에 비례하여 유동으로의 변화가 기대한 것처럼 일어나지 않을 수도 있습니다. 즉, 바람을 불었는데, 어느 정도 크기 이하로 불면 움직이는 듯 하다가, 그 이상이 되면 갑자기 변형을 일으키거나 상대방에게 날아가 버리는 일이 생기기도 합니다(그림 2.8).

그림 2.8 커피 위 크림이 마찰력에 비례하는 유동과 다른 특성을 보일 때

책상 위에 놓인 종이의 윗면을 검지손가락으로 밀면 종이가 힘을 준 방향으로 움직이지만(그림 2.9 왼쪽), 책상의 윗면을 동일한 힘으로 밀면 책상이 힘을 준 방향으로 움직이지 않습니다(그림 2.9 오른쪽). 이와 같이 가해진 바람에 의한 전단력이 인접한 물체(표층의 커피)를 마찰에 의해 이동시키기에는 충분하지만, 같은 힘이 커피 잔을 움직이기에는 충분하지 않다고 생각할 수 있습니다.

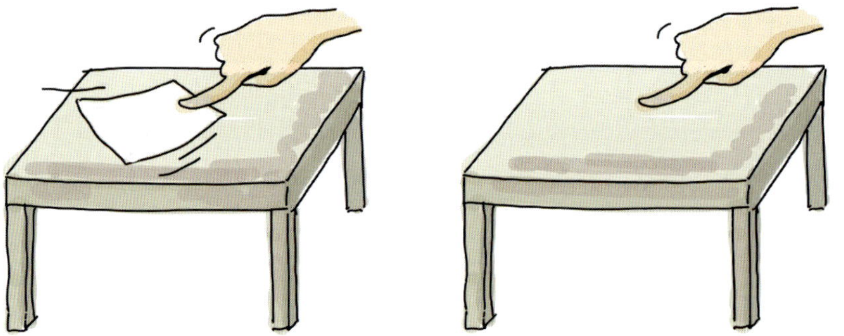

그림 2.9 검지손가락을 이용하여 같은 전단력을 작용하여 책상 위 종이와 책상을 이동시키는 실험

바람에 의해 커피에 전달된 운동량은 커피 표면에서 수직 아래로 전달되지만, 어느 깊이 아래로는 전달이 되지 않습니다. 이와 같이 운동량이 점성을 통해 유의미하게 작용하는 깊이를 전문 용어로 '경계층'이라고 합니다. 경계층 바깥(위에 언급된 깊이 더 밑으로)에는 점성이 유의미하게 작용하지 않는 영역도 있습니다.

커피에 바람을 불면 표층의 마찰에 의해 커피가 이동하는 것 이외에 커피 표면에 파동 또는 교란이 만들어집니다. 즉, 공기와 커피가 평형을 이루어 맞닿은 면은 고요히 정지해 있지만, 바람이 불어 이 경계면을 흔들면 어느 부분은 평형 상태로부터 위로, 어느 부분은 아래로 움직이고, 주변보다 무겁고 가벼운 정도인 중력이 복원력으로 작용하여 파동을 만들어 냅니다(그림 2.10).

그림 2.10 커피에 바람을 불어 커피가 출렁이는 예: 평형 상태의 커피에 바람을 불어 생성된 파동과 중력에 의해 복원되는 방향을 보여 줌.

4 커피가 섞일 때

커피에 설탕이나 시럽을 넣을 때 섞지 않고 그냥 두는 경우도 있을까요? 흔한 일은 아니지만, 섞지 않고 있는 그대로 두어도 커피와 시럽의 농도차에 의한 브라우니안 운동으로 확산이 일어나 장시간에 걸쳐 퍼져 나가기 때문에 어느 정도 섞일 수 있습니다(그림 1.16).

커피에 설탕이나 시럽을 넣어 섞을 때, 누군가는 시계 방향으로 돌리기도 하고 다른 누군가는 그 반대 방향으로 저어 주기도 하고, 임의로 섞기도 합니다. 혼합물이 균일하게 섞여 원하는 맛을 얻기 위해서겠지요. 커피를 저어주는 효과를 내는 방법으로 두 가지가 있는데, 한 가지는 잘 알려진대로 수저를 이용하는 것이고(그림 2.11), 다른 하나는 바람을 이용하는 것입니다(그림 2.7). 이들은 공통적으로 운동량(또는 에너지)을 커피로 전달하고 이를 통해 커피와 설탕이 섞이게 하는 것입니다.

그런데 충분히 섞이도록 저어 준 후 그대로 둔다면, 커피 잔 안에서 돌고 있

그림 2.11 커피에 넣은 설탕이나 시럽을 수저로 저어주어 잘 섞이게 하는 모습

는 커피는 어떻게 될까요? 커피의 움직임은 시간이 지날수록 느려지고 결국에는 멈추게 됩니다. 이유는 무엇일까요? 커피 잔이 멈춰 있기 때문입니다. 커피는 움직이는데 커피와 맞닿아 있는 커피 잔의 운동 속도는 0으로(그림 2.12), 커피와 커피 잔 사이의 마찰, 운동하는 방향과 수직한 면(커피 잔 안쪽면)의 점성에 의한 효과가 커피를 점점 느려지게 하고 결국 멈추게 합니다. 커피색으로 인해 바닥 부분에서 일어나는 현상이 잘 보이지 않지만, 커피 잔 바닥과 옆면에 마찰이 동시에 영향을 받는 경우에는 더 신속히 느려지겠지요.

그림 2.12 커피를 한 방향으로 저었을 때 컵의 옆면에서 속도 분포

5
커피 잔을 돌려봅시다

커피 잔은 여러 가지 모양이 있겠지만, 주로 원형 모양으로 아래로 갈수록 좁아지는 형태나 위아래의 면적이 동일한 것들이 많습니다. 원형으로 된 커피 잔을 일정한 속도로 돌려보신 분이 있을지 모르겠습니다. 정지해 있는 커피 잔과 달리 커피 잔을 일정한 속도로 돌리게 되면 다양한 형태의 유동이 생깁니다. 라떼가 든 커피 잔을 돌리는 경우, 우유가 길게 늘어지거나 곡선 또는 회전하는 형태를 가지는 것을 확인할 수 있습니다(그림 2.13). 재미있게도 태양계 행성 중 지구와 같이 자전하는 목성의 사진에서도 유사한 현상을 볼 수 있습니다.

그림 2.13 물이 담긴 원형 그릇을 회전시키고, 회전하는 그릇 위에 카메라를 설치하여 물에 떨어진 잉크가 퍼져 나가는 장면을 묘사한 예

지금까지 커피는 혼합물 농도, 밀도와 온도에 영향을 받고, 커피에 바람을 불면 점성에 의해 이동하고 중력에 의해 파동도 생기고, 커피를 수저로 젓거나 바람을 불어 시럽이나 설탕을 섞을 수 있고, 정지한 컵안에서 움직이는 커피는 언제가는 멈추게 된다는 것을 살펴보았습니다. 또한, 회전하는 판 위의 커피는 신기한 유체의 모습을 만들어 내기도 한다는 것을 알았습니다.

다음 장에서는 커피와 바다를 연관지어 생각해 보고자 합니다. 1장과 2장에서 기술된 내용들을 바닷물에서의 염도, 밀도와 온도의 효과, 압력 차이, 밀도 차이, 바람에 의한 유동과 회전하는 판 위에서의 유동과 연관지어 생각해 보고자 합니다.

2장은 코리가 요약을 도와줄게요.

- 혼합물의 특징은 농도, 밀도, 온도로 표현할 수 있어요.
- 자연에서 가벼운 물은 위로 무거운 물은 아래로 이동하여 안정한 구조를 가져요.
- 다양한 커피를 만드는 방법으로 커피에 우유, 크림, 초코 시럽, 얼음, 설탕 등을 넣고 이들을 다양하게 조합하여 섞으면 가능해요.
- 커피에 바람을 불면, 커피가 컵 한쪽으로 모이기도 하고, 커피를 식힐 수도 있고, 커피를 섞을 수도 있어요.
- 커피에 우유를 넣고 그 잔을 돌리면 우유가 길게 늘어지며 곡선이나 회전하는 모양을 만들기도 해요.

3장

커피에서 바다로

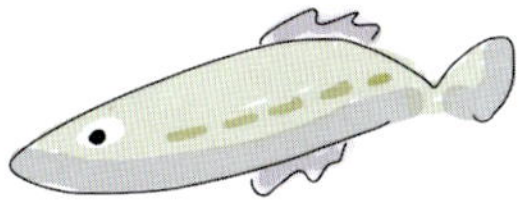

1

응답하라! 바닷물

바다하면 떠오르는 것은 무엇일까요? 넓고, 푸르고, 짜고, 여름에 놀러가는 곳, 물고기가 잡히는 곳으로 생각해 볼 수 있습니다. 바닷물에 대해서도 커피와 마찬가지로 온도, 밀도와 농도(달리 말하면 소금이 들어 있는 염분의 정도, 즉 염도) 등을 생각해 볼 수 있습니다. 참고로 염도는 현재 단위 없이 사용하고 있지만, 예전에 퍼밀(permil) 또는 psu, pps 등의 기호가 사용되었습니다(TEOS-10). 정확한 염도의 정의는 1000 g의 소금물에 들어 있는 염분의 질량(g)을 의미합니다. 염분이 들어 있지 않는 물을 담수, 염분이 있는 물을 해수라고 합니다.

바닷물의 특성을 알아보기 위해 아래와 같은 질문으로 시작해 봅시다.

"실온(방의 온도)의 해수와 담수에 각각 얼음을 넣으면, 어느 물에서 얼음이 빨리 녹을까요?" 이와 관련된 간단한 실험을 통해 온도, 밀도, 염도에 대한 내용을 살펴봅시다.

같은 크기의 두 용기에 실온의 담수를 같은 양 준비하여, 한쪽에는 소금을 충분히 녹여 해수를 만들어 봅시다. 소금이 충분히 균일하게 섞여 담수와 같이 고요한 상태가 되도록 적절한 시간을 주어 같은 온도의 담수와 해수를 준비합니다. 이제 해수와 담수에 같은 양의 얼음을 넣어 봅시다(그림 3.1). 어느 쪽의 얼음이 먼저 녹을까요? 참고로 얼음은 담수로 만든 얼음입니다. 얼음은 물보다 가벼워 해수 및 담수 모두에 뜹니다.

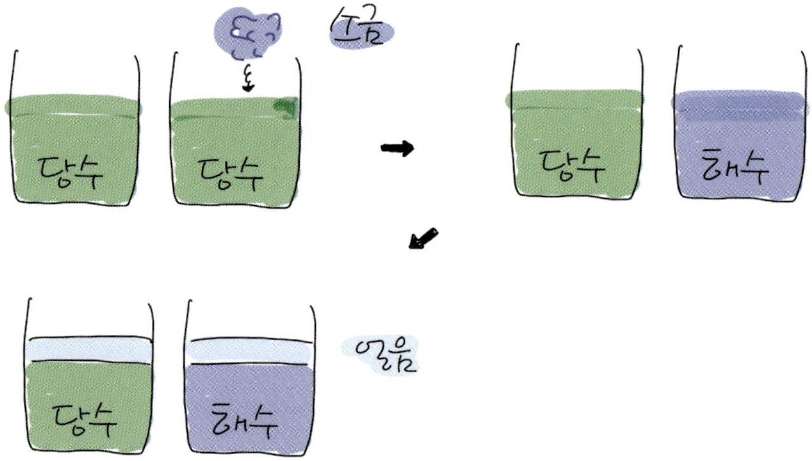

그림 3.1 담수와 해수에서 얼음이 녹는 속도 비교 실험 준비

앞에서 살펴본 바와 같이, 주어진 물(해수 및 담수)의 밀도는 온도와 염도(농도)의 관계로 표현이 가능합니다. 얼음에 의해 용기의 윗부분 물이 동일하게 차가워질 때, 해수와 담수의 밀도가 어떻게 변하는지 살펴보도록 합시다.

실온은 얼음의 온도보다 높아 용기 윗부분의 물과 얼음 사이에 열이 교환

됩니다. 담수의 경우 얼음에 의해 차가워진(무거워진) 물은 아래로 이동하고 상대적으로 더운 아랫부분의 물은 위로 이동하는 대류 현상이 발생합니다. 반면에 해수의 경우 상층부의 물이 얼음에 의해 차가워지고 담수 얼음이 녹으며 염도가 낮아져 밀도의 변화가 있으나 하층부의 해수의 밀도에 비해 밀도가 상대적으로 낮아 물의 수직 방향의 이동이 일어나지 않습니다. 이에 따라 담수의 경우 순환에 의해 상층부와 하층부가 균일한 온도(밀도)를 가지게 되고, 해수의 경우 위와 아래를 나누는 층이 생겨 안정화되는데 이를 성층화라고 합니다(그림 3.2). 담수에서 물의 이동과 함께 실온의 열과 얼음의 열이 서로 이동하고, 이로 인하여 담수에서의 얼음이 해수에서의 얼음보다 빨리 녹습니다.

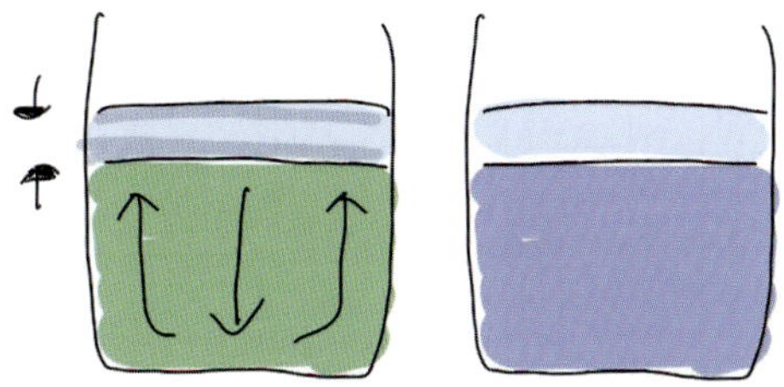

그림 3.2 담수와 해수에서 얼음이 녹는 실험 결과

위에서 실험한 내용을 온도, 염도와 밀도 사이의 관계를 보여 주는 수온염분도(T-S diagram)를 이용하여 설명해 봅시다. 수온염분도에서 온도는 수직축, 염도는 수평축을 따라 증가하고, 동일한 밀도선(isodensity lines = isopycnals)은 왼쪽 아래에서 오른쪽 위로 가로질러 나타납니다(그림 3.3).

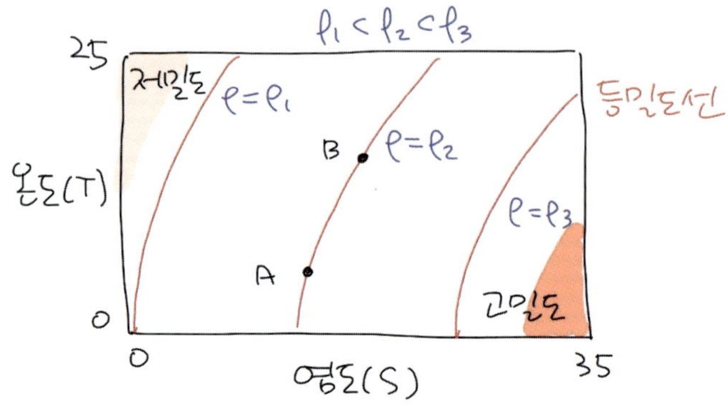

$$\rho_2 = \rho_A(T_A, S_A) = \rho_B(T_B, S_B)$$

그림 3.3 밀도를 온도와 염도의 함수로 표현하는 수온염분도. 서로 다른 온도와 밀도의 조합에 의해 같은 밀도(ρ_2)를 가질 수 있음(밀도는 수온염분도의 왼쪽 위에서 오른쪽 아래로 증가).

등밀도 값은 왼쪽 위에서 오른쪽 아래로 증가하여, 같은 염도에서 온도가 높을수록 밀도가 낮아지고, 같은 온도에서 염도가 높을수록 밀도가 높아집니다(그림 3.3). 같은 부피, 같은 염도의 물에 한쪽의 온도를 높이면 밀도가 감소하기 때문에, 동일한 밀도를 만들려면 추가로 소금을 넣어 염도를 증가시켜야 합니다. 이는 앞에서 온도를 높인 설탕물의 밀도를 같게 해주는 것과 같은 원리입니다(2.1절 참고).

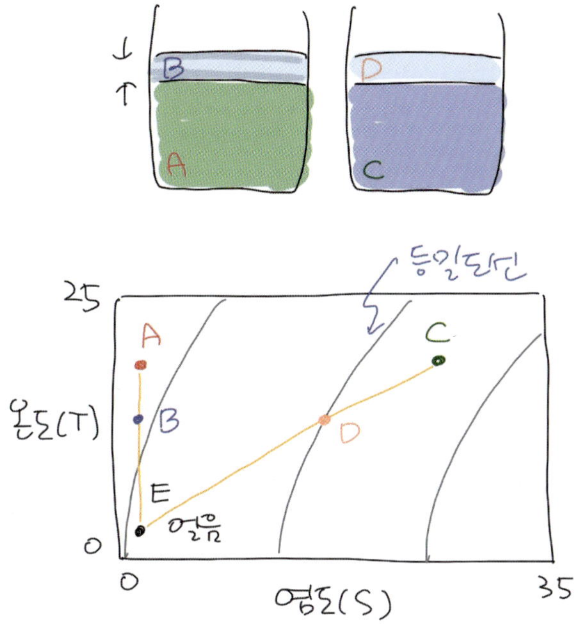

그림 3.4 담수와 해수에서 얼음 실험을 수온염분도에 표시함.

실험에 사용한 담수와 해수의 영역을 A 와 C, 그리고 얼음(E)이 떠 있는 담수와 해수의 윗부분을 각각 B와 D로 구분합시다(그림 3.4). 담수와 해수는 실온에서 다른 염도를 가지므로 이들을 수온염분도 상에 A와 C로 표시할 수 있고, 얼음은 약 0 ℃의 담수로 만든 것이므로 원점 근처에 위치하고, 얼음이 담긴 용기 윗부분에서의 온도와 염도는 A와 E, C와 E를 연결한 연장선 위에 B와 D로 위치시킬 수 있습니다. 시간이 지남에 따라 B와 D의 위치는 연장선 상에서 변할 수 있겠지만, 우선 얼음을 넣은 후 2~3분 정도의 시간이 지나 얼음과 물이 열과 염분을 교환하는 실험 초기 상태를 고려해 봅시다.

수온염분도에서 등밀도 선을 따라 담수(A), 해수(C) 및 각각의 얼음이 녹은 영역(B와 D)에서의 밀도를 서로 비교해 보면, 용기 위와 아래에 있는 물의 밀도에 따라 물이 안정하게 유지될 지, 불안정하여 이를 안정화할지 예상할 수 있습니다. 담수의 얼음 영역(B)은 밀도가 증가하여 담수(A)보다 무거워지고, 해수의 얼음 영역(D)은 해수(C)보다 가벼워집니다. 즉, 담수가 담긴 용기에서는 무거운 물이 위에, 가벼운 물이 아래에 위치하여 이를 안정화하는 물의 이동(수직 방향의 물의 이동: 대류)이 일어나고, 해수가 담긴 그릇에서는 가벼운 물이 위에, 무거운 물이 아래에 위치하여 안정된 밀도 분포를 가져, 밀도 차이에 의한 수직 방향의 유동은 발생하지 않습니다. 물의 이동(유동)과 함께 열이 같이 움직이기 때문에, 얼음은 담수에서 더 잘 녹고 해수의 얼음은 거의 녹지 않습니다.

2 바람은 어디에서 어디로 불까요?

지금까지 밀도 차이에 의한 유동을 살펴보았는데, 이제는 밀도가 일정한 가운데 오로지 압력 차이에 의한 유동을 생각해 봅시다.

병원에 독감주사를 맞으러 갔을 때를 생각해 봅시다. 간호사 선생님이 주사기에 주사액을 넣기 위해서 빈 주사기의 피스톤을 잡아당겨 주사기 내부의 압력을 낮추어 주사액을 주사기에 넣고, 이를 우리 몸에 넣기 위해 피스톤을 밀어 주사기 내부의 압력을 높입니다(그림 3.5). 앞에서 살펴본 바와 같이 압력 차이의 부호와 유동의 부호가 서로 다릅니다(1.4절 참고).

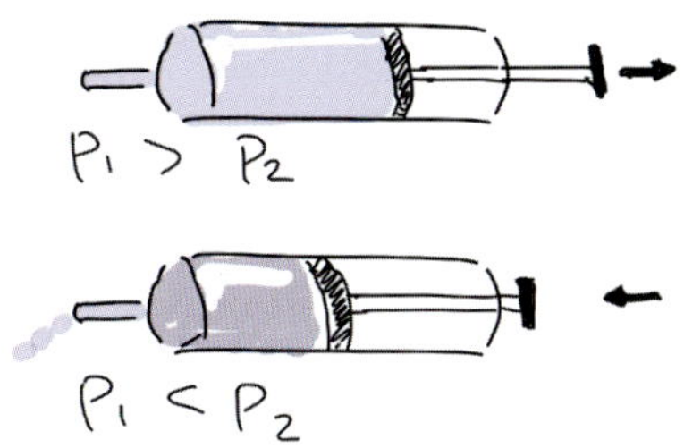

그림 3.5 주사기 내에 압력을 변화시키는 예

바람이 부는 이유는 무엇일까요? 바람은 눈에 보이지 않아 나무가 흔들리거나 깃발이 펄럭이는 모습을 보고 알 수 있기는 하지만(그림 3.6), 어디서 시작해서 어디로 가는지 알기 어렵습니다. 다만, 일반적으로는 수평 방향의 기압 차이로 바람이 분다고 알려져 있습니다.

그림 3.6 나무가 흔들리는 것으로 바람이 부는 것을 어떻게 알 수 있습니다.

두 지역 간의 기압 차이로 인해 공기압이 높은 곳에서 낮 은 곳으로, 압력의 경사를 따라 움직이는 유동이 바람입니다. 규모가 크고 천천히 이동하는 지구 유체(geophysical fluids)에서는 지구 자전에 의한 전향력(3.5절에서 소개될 예정)이 작용하여 압력차의 방향에 수직한 방향으로 바람이 생깁니다. 우리나라의 경우 여름에는 남동쪽으로부터 더운 바람이 불어오고, 겨울에는 북서쪽으로부터 차가운 바람이 불어옵니다. 그 이유는 여름에는 동쪽에 고기압이, 서쪽에 저기압이 배치되고, 겨울에는 그 반대로 되기 때문입니다(그림 3.7). 이러한 계절에 따른 바람은 전향력의 영향을 받는 긴 시간 규모를 가지지만, 단시간에 부는 바람은 두 위치에서의 단순한 압력 차이에 의한 유동으로, 압력차의 방향과 반대가 되는 유동이 생깁니다(1.4절 참고).

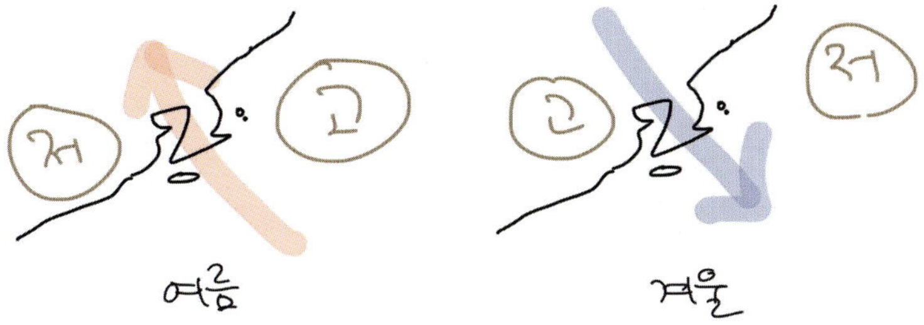

그림 3.7 한반도 계절에 따른 바람

대기에서의 계절풍처럼 바다에서는 기울어진 해수면에 의한 압력차가 지형류를 만듭니다. 지형류는 대개 공간의 규모가 100 km 이상이고 시간의 규모로는 몇 주 이상의 천천히 변하는 해수면의 변동과 관련되어 있습니다. 빈센트 반 고흐의 〈별이 빛나는 밤(The Starry Night)〉에 나오는 별빛과 달빛이 회전하는 형태의 모습이 바다 위에서도 비슷하게 나타나는데, 우리 눈으로는 평평해 보이는 해수면이 실제로는 기울어져 있기 때문에 생기는 바다 현상 중에 하나입니다(그림 3.8).

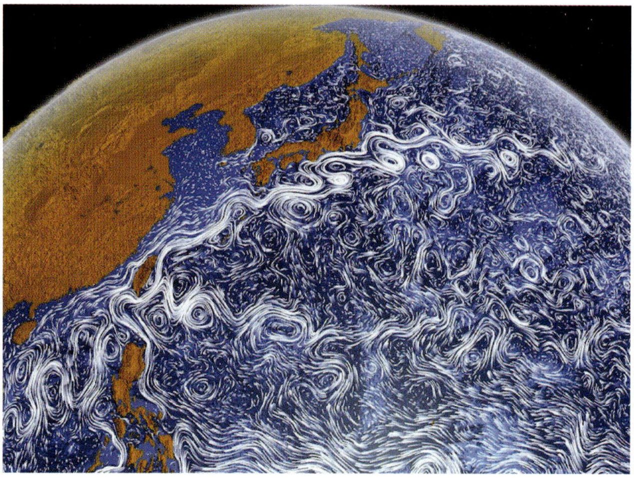

그림 3.8 빈센트 반고흐의 〈별이 빛나는 밤(The Starry Night)〉과 기울어진 해수면의 압력차에 의해 생기는 지형류의 예

여기서는 압력 차이에 의한 유동의 예만 언급하였지만, 전향력을 자세히 설명한 후(3.5절)에 지형류에 대해 더 알아보기로 하겠습니다.

3 밀도가 달라도 움직여요

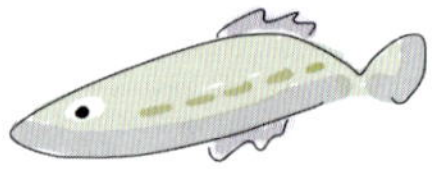

지금까지는 유체가 정지하고 밀도가 일정한 가운데 압력차에 의한 유동을 살펴보았는데, 이제는 공간에서 밀도가 균일하지 않아 생기는 유동을 살펴봅시다.

자연에 존재하는 유체 중에는 깊이 방향으로 밀도가 일정한 경우도 있지만, 무거운(밀도가 높은) 것은 아래로 가벼운(밀도가 낮은) 것은 위로 자리를 잡아 층을 이루는 안정된 구조를 가지기도 합니다. 이러한 성층화된 유체에서 동일한 밀도를 연결한 등밀도선(isopycnals)과 동일한 압력을 연결한 등압선(iso-pressure lines)을 이용하여 밀도 차이에 의한 유동을 설명할 수 있습니다.

밀도가 서로 다르거나 밀도가 서로 같은 유체를 실험하기 위해 그릇을 수평 또는 수직으로 나누어, 유체의 이동을 막을 수 있고 제거할 수 있는 장치들을(수평막, 수직막) 고안해 봅시다(그림 3.9).

우선 밀도층이 수직으로 분포하는 경우의 유동을 고려하고, 그 후에 밀도층이 수평으로 분포하는 경우의 유동을 고려합시다.

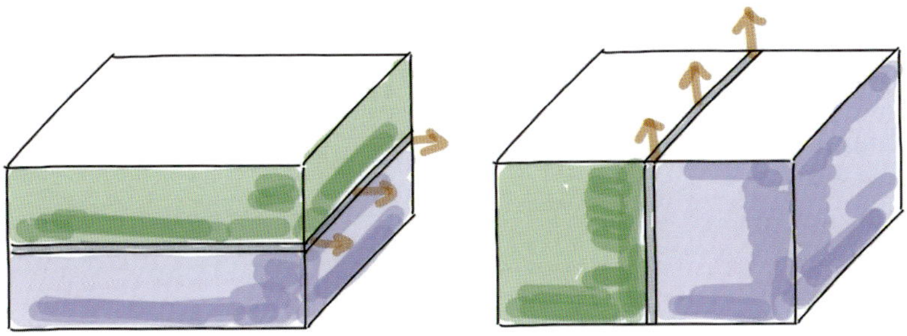

그림 3.9 수평막과 수직막을 이용하여 밀도차 유동을 실험하기 위한 장치 예

수직 방향 밀도차

수직 방향으로 세 개의 다른 밀도의 층을 가지는 유체를 가벼운 것부터 위에서 아래로 쌓이도록 만들고자 합니다. 우선, 위와 아래에 각각 다른 밀도의 유체를 넣고(그림 3.10 왼쪽 1번), 수평막을 오른쪽으로 천천히 움직여 그릇 왼쪽으로부터 1/3 위치까지 가져간 후, 이 위치에 수직막을 세우고 1/3 위치의 왼쪽을 섞습니다(그림 3.10 중간 2번). 이때 섞인 부분의 밀도는 서로 다른 두 밀도를 평균한 밀도가 됩니다. 즉, $\rho_2 = (\rho_1 + \rho_3)/2$. 그런 후에 수평막은 오른쪽으로 수직막은 위로 천천히 제거하면 중력에 의해 중간 밀도의 유체가 위와 아래 밀도층 사이로 천천히 밀려 들어갑니다(그림 3.10 가운데 3번과 4번). 중간 밀도층이 퍼져 나갈 때 밀도차에 의한 파동이 생기는데, 이를 내부파라고 하고, 충분한 시간이 지나 어느 정도 안정화되고 나면 3개의 층을 가지는 안정한 구조의 유체를 만들 수 있습니다(그림 3.10 오른쪽).

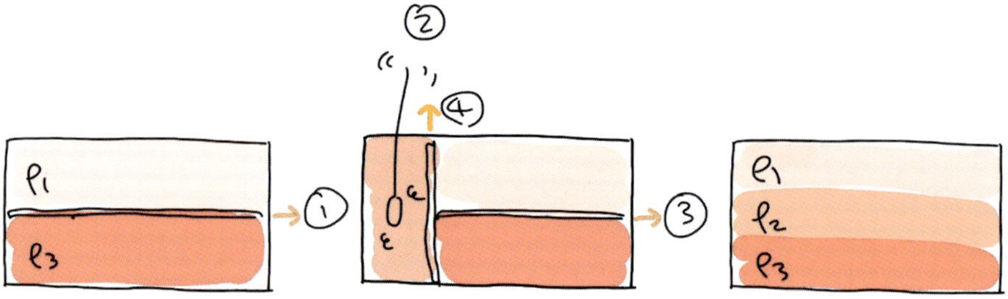

그림 3.10 두 개의 수직 밀도층을 이용하여 세 개의 수직 밀도층 만들기

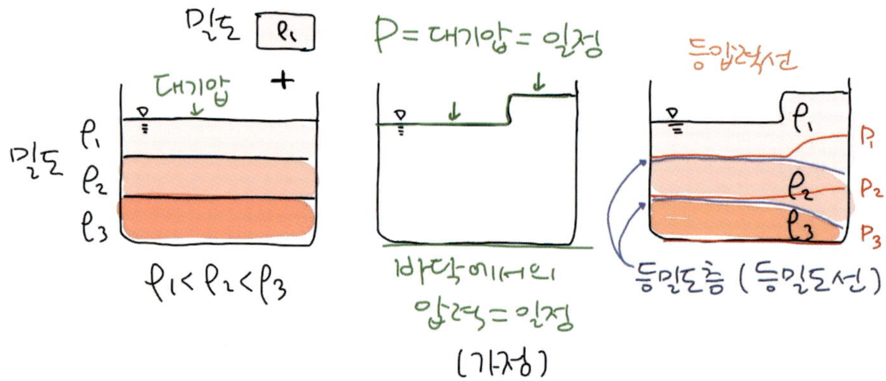

그림 3.11 세 개의 층으로 된 유체의 등밀도(검정색) 및 등압력선(빨간색) 재배치 실험. 밀도(ρ_1) 덩어리를 위에 배치하여 등밀도 및 등압력선의 연속적인 변화. 왼쪽 그림에서 밀도선과 압력선이 일치하여 압력선은 보이지 않음.

세 개의 수직으로 안정된 유체에 등밀도선과 등압력선을 그려봅시다(그림 3.11 왼쪽). 각 밀도층 내에서는 밀도가 동일하다고 할 수 있습니다. 다만, 서로 다른 밀도를 구분하는 경계선은 등밀도선과는 다르지만, 등밀도선과 평행하기 때문에 등밀도선을 표현하고 있다고 간주할 수 있습니다. 특히 자연에서의 밀도 변화는 공간에서 연속적으로 이루어지기 때문에 등밀도선과 서로 다른 밀도를 구분하는 경계선이 결국 같은 의미로 사용될 수 있습니다(그림 3.11 왼쪽).

유체가 정지해 있을 때 대기압으로부터 같은 깊이에 있는 유체는 동일한 압력을 가지기 때문에, 바닥에 평행하게 놓여진 유체의 등압력선들은 서로 평행합니다(그림 3.11 왼쪽). 즉 등밀도선과 등압력선이 서로 평행한 순압조건(barotropic condition)을 가집니다(그림 3.12 왼쪽).

세 개의 다른 밀도로 성층화된 유체에 맨 위층의 밀도와 같은 밀도의 물덩어리(water parcel)를 오른쪽 위에 살며시 놓았을 때 일어나는 변화를 생각해 봅시다. 다만, 이때 용기 바닥에 작용하는 압력은 물덩어리를 놓기 전과 같이 동일하다고 가정합니다(그림 3.11 왼쪽). 등압력선의 수직 방향 변화를 살펴보면, 표층에서는 대기압이 동일하게 작용하고 용기 바닥에서는 동일한 압력이 작용한다고 가정하였기 때문에(그림 3.11 가운데), 유체 내에서는 물의 깊이에 따라 압력이 선형적으로 변화할 것이라고 추측할 수 있습니다. 따라서 표층의 수면 모양과 바닥의 평평한 모양이 깊이에 따라 순차적으로 변하도록 등압력선이 분포한다고 생각해 볼 수 있습니다. 즉, 등압력선은 오른쪽 위로 올라가는 형태를 지닐 것입니다(그림 3.11 오른쪽).

이와는 달리 등밀도선은 어떻게 형성될까요? 오른쪽 위에 물덩어리가 증가되었지만, 용기 바닥의 압력에 변화가 없다고 가정하였기 때문에(그림 3.11 가운데), 용기의 오른쪽 물기둥의 밀도의 분포가 처음과는 다르게 배치되어야 함을 알 수 있습니다. 추가적인 가정으로 밀도층이 쌓여 있는 수직 방향의 순서와 각 밀도층(그림 3.11의 ρ_1과 ρ_2)의 높이는 그대로 유지된다고 합시다. 용기 왼쪽에서의 밀도층의 변화는 거의 없고(엄격한 의미에서의 변화는 뒤에서 언급하겠습니다), 용기 오른쪽에서의 밀도 배치는 바닥에서의 압력을 일정하게 유지해야 하기 때문에 다음과 같은 변화가 생깁니다. 표층에 추가된 물덩어리로 인해 밀도가 낮은 층의 높이가 2배로 증가되었기 때문에, 밀도가 높은 층의 높이가 일부 감소되어야 용기바닥에서의 압력을 일정하게 유지할 수 있습니다. 즉, 물덩어리가 추가된 오른쪽에서의 등밀도선이 아래쪽으로 내려가야 함을 알 수 있습니다(그림 3.11 오른쪽). 따라서 추가된 물덩어리로 인해 등압력선과 등밀도선이 서로 교차하며 하나는 위로 하나는 아래로 움직이는 경압조건(baroclinic condition)을 가지게 되고(그림 3.12 오른쪽), 이에 따른 유동이 생길 수 있습니다. 얕은 바다에서는 바람에 의해 표층의 물이 연안으로 이동하여 쌓이는 경우, 등압력선과 등밀도선의 수직 배치가 이와 유사하면 유동이 생깁니다(그림 5.1과 5.2 참조: 바람에 의한 연안에서의 해수면 변화–용승과 침강; up–/down–welling). 추가로 밀도층이 평형을 가지는 과정에서 용기 오른쪽 아래 있던 ρ_3는 왼쪽으로 이동하여 용기 왼쪽의 ρ_3 밀도층은 미소량 위

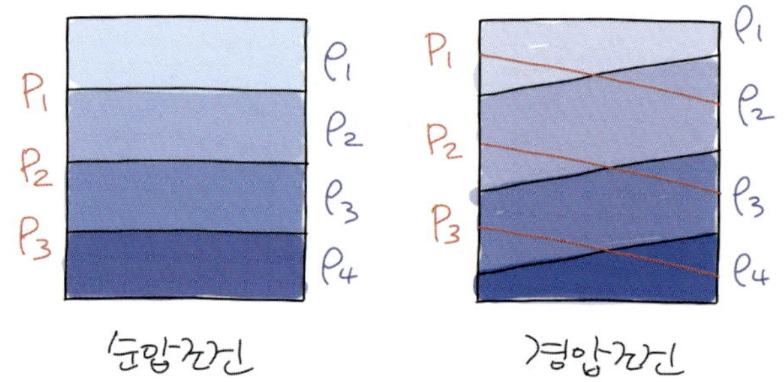

그림 3.12 등밀도선과 등압력선이 평행한 순압조건과 등밀도선과 등압력선이 교차하는 경압조건

로 상승하게 됩니다.

같은 밀도 두 유체에 서로 다른 속도가 가해지거나, 서로 다른 밀도의 두 유체가 수직 방향으로 배치되어 중력에 의해 유동이 생기는 경우를 고려해 봅시다. 속도 차이 또는 밀도 차이에 의한 중력의 효과로 한 쪽 유체는 다른 쪽 유체를 감싸듯 말려 회전하는 유동이 생기게 되는데 이를 전단 유동에 의한 불안전성(shear intstaiblity)이라고 합니다(그림 3.13). 이는 구름과 바다, 행성 표면 등 자연에서 손쉽게 발견되는 난류 현상 중에 하나로 켈빈-헬름홀츠 불안정성이라고도 합니다(그림 3.14).

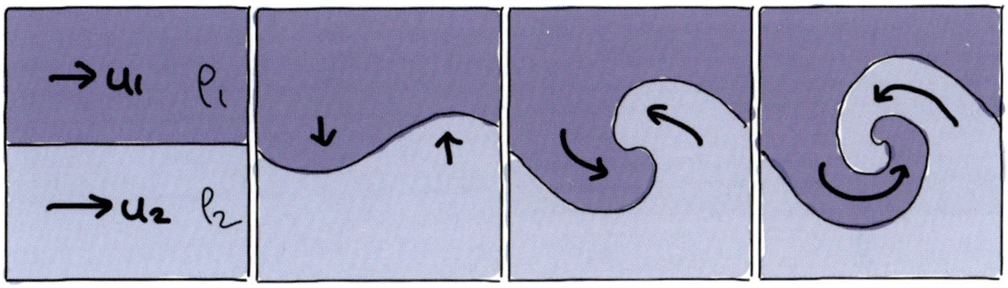

그림 3.13 두 개의 수직 밀도층에 중력($\rho_1 > \rho_2$) 또는 서로 다른 수평 방향 유동($u_1 < u_2$이고 $\rho_1 = \rho_2$)에 의해 생기는 불안정성

온도(T)와 염도(S)가 밀도를 변하게 하는 주요 변수로 표현될 수 있기 때문에 온도와 염도를 적절히 조합하면, 동일한 밀도를 가지는 두 개의 다른 유체를 만들어 낼 수 있습니다(그림 3.3). 예를 들어, 온도가 높고 염도가 높은 물과 온도가 낮고 염도가 낮은 물로 같은 밀도를 가지는 두 유체를 만들 수 있습니다. 이러한 동일한 밀도의 두 유체를 수직으로 배치하고 수평막을 제거하면

어떤 일이 일어날까요? 밀도가 서로 같아 중력에 의해 안정하게 되는 대류 현상은 발생하지 않지만, 각각의 온도차와 농도차에 의한 확산이 일어날 수 있습니다. 이를 이중확산(double diffusion)이라고 합니다(그림 3.15).

그림 3.14 구름, 태양 주위, 목성의 대기 중에 나타난 전단유동에 의한 불안정성(© MillerG/Shutter stock, © Red Buffalo studios)

그림 3.15 밀도는 같으나 온도가 서로 다른 두 유체를 상하로 나란히 두었을 때 생기는 이중확산

이중확산을 이용하여 온도가 서로 비슷한 커피를 우유가 들어 있는 컵에 부어, 커피와 우유가 섞이는 정도에 따라 상대적으로 밀도가 낮은 것은 위로, 밀도가 높은 것은 아래로 이동하며 생기는 성층화로 라떼를 만드는 방법[1]이 있습니다. 부어진 커피가 우유 사이를 침투하고, 침투한 공간의 우유가 위로 올라가, 올라온 우유와 커피가 섞인 정도에 따른 밀도차로 인해 위에는 커피 색이 진하게, 아래에는 우유의 색이 진하게 배치됩니다. 층이 생기는 과정에서 각 층에서 컵 외부와의 열 교환을 통해 일정한 밀도를 유지하는 순환이 일어나 성층이 장시간 유지됩니다(그림 3.16 왼쪽).

또한 차가운 아이스 커피에 유지방 및 해수소금을 위에 올려 성층화를 만든 해수염 커피는 차가운(무거운) 커피는 아래로 가벼운 지방은 위로 이동하

그림 3.16 성층화 라떼와 해수염 커피(© haveseen/Shutterstock)

[1] Xue N, Khodaparast S, Zhu L, Nunes J, Kim H, and Stone HA, 2017: Laboratory Layered Latte, Nature Communications 8(1), doi:10.1038/s41467-017-01852-2

는 중력의 원리를 이용하였습니다. 다만, 두 층 사이에 커피 및 지방의 농도차에 의한 확산은 장시간에 걸쳐 일어납니다(그림 3.16 오른쪽).

수평 방향 밀도차

이제는 밀도층이 수평으로 분포하는 경우의 유동을 고려해 봅시다. 밀도가 다른 두 유체를 수직막이 있는 그릇에 같은 높이만큼 넣고 막을 제거하면 어떤 일이 생길까요? 상대적으로 밀도가 큰 유체는 밑으로, 밀도가 작은 유체가 위로 이동하여 시간이 충분히 지나면 위아래로 두 개의 층을 이루게 됩니다(그림 3.17).

수직막을 제거하기 전에 힘이 어떻게 작용하는지 살펴봅시다. 밀도가 다른 두 유체가 같은 높이만큼 차지하고 있고, 유체 표면에서 대기압이 동일하다고 하면, 바닥에서의 정압은 밀도가 큰 쪽이 크게 됩니다. 즉, 수직면에서의

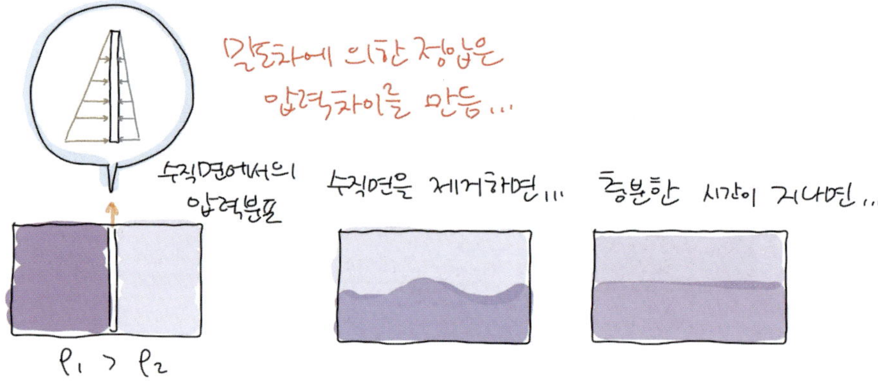

그림 3.17 수평 방향 두 개의 밀도차를 가지는 유체에 수직면을 제거 후 안정화되는 과정. 수직면 제거 전 초기 정지 상태의 압력 분포는 밀도가 높은 쪽에서 낮은 쪽으로 작용함.

정압의 분포는 선형으로 변하여 각각의 높이에서 서로 다른 압력차가 생깁니다(그림 3.17 왼쪽). 이로 인하여 수평 방향의 유동이 생깁니다.

수평 방향에서 두 개의 밀도층이 아닌 여러 밀도층이 분포되었다고 가정해 봅시다(그림 3.18). 밀도층이 수직하게 배치될 수도 있고(그림 3.18 왼쪽) 기울어질 수도 있습니다(그림 3.18 오른쪽). 이 두 경우는 앞에서 언급된 수직 방향으로 배치된 등밀도층(그림 3.10 오른쪽)을 기울여 등밀도선이 대기압과 평행한 등압력선과 교차하는 경우로 볼 수 있습니다(그림 3.11 오른쪽, 3.12 오른쪽). 밀도층이 기울어져 있는 경우 중력에 의하여 밀도층이 수평하게 배치되고자 하기 때문에, 즉 밀도층의 기울어짐이나 수직으로 배치된 경우는 가용한 위치 에너지를 가지고 있다고 생각할 수 있고, 위치 에너지가 운동 에너지로 변환되며 유동이 생긴다고 생각할 수 있습니다(그림 3.18). 이러한 경우 유동의 불안정성이 동반되어 생기는 난류유동들이 있습니다.

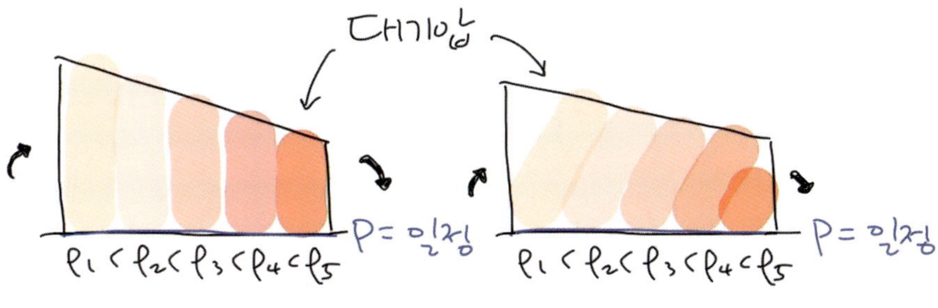

그림 3.18 수평 방향 여러 밀도층(수직 방향 및 기울어지는 경우)에 의한 위치 에너지가 유체의 유동을 만드는 운동 에너지로 변환될 수 있는 예

지금까지 수평 방향으로의 여러 밀도층이 있는 경우를 살펴보았는데, 이를

조금 쉽게 설명하면 두 개의 다른 밀도가 수평으로 분포하여 바닥에 작용하는 압력에 차이가 생기고 이로 인해 유체는 이동할 수 있습니다.

바닷가에 가 보면 하루에 한 번 주기로 해륙풍이 있습니다. 낮에는 바다에서 육지로 바람이 불고, 밤에는 육지에서 바다로 바람이 붑니다. 낮에는 동일한 햇빛이 비치더라도 육지가 바다보다 쉽게 더워져 공기가 위로 올라가고 상대적으로 시원한 바다 쪽에는 공기가 아래로 내려가는 압력차가 생겨서, 해수면 높이에서 볼 때 육지에는 저기압, 바다에는 고기압이 생겨 바람이 바다에서 육지로 불게 됩니다(그림 3.19). 밤에는 육지가 쉽게 냉각되고 바다는 천천히 냉각되어, 육지에서는 공기가 내려오고 바다에서는 공기가 올라오게 됩니다. 마찬가지로 해수면 높이에서 육지에는 고기압, 바다에는 저기압이 생겨

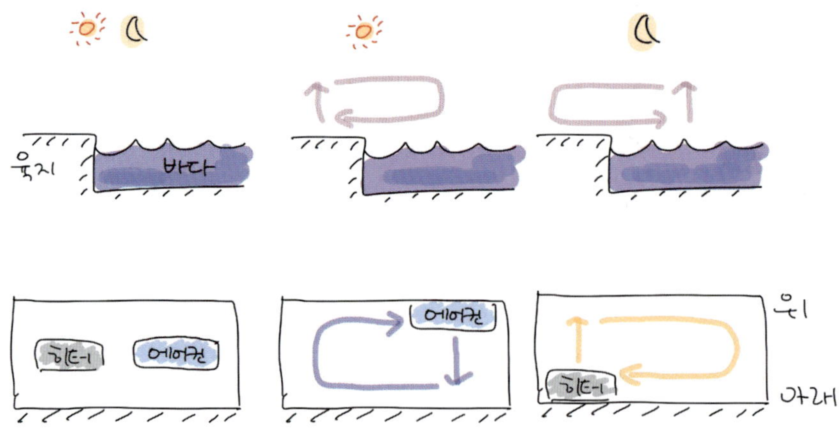

그림 3.19 육지와 바다 사이의 열용량 차이로 인한 표층에서의 밀도차로 인해 압력의 차이가 발생하고 이로 인한 유동이 생기는 해륙풍의 예. 히터와 에어컨을 방에 위치시킬 때 온도에 대한 공기의 밀도차 및 압력차로 인한 유동을 고려하는 예

바람이 육지에서 바다로 불게 되지요. 낮에 바닷가에 가면 시원한 이유가 여기에 있습니다. 계곡과 산 정상 사이에 유사한 성격의 바람이 불기도 합니다.

이와 유사한 밀도차에 의해 유동을 고려하여, 히터와 에어컨을 방의 어디에 설치하는 게 효율적인지 생각해 봅시다. 더운 공기는 가벼워져 위로 이동하고, 차가운 공기는 무거워져 아래로 이동하므로, 히터는 방의 아래쪽에, 에어컨은 방의 위쪽에 설치하면 추가적인 노력없이 밀도차에 의한 유동을 만들 수 있습니다. 히터와 에어컨을 반대로 설치하게 되면 찬 공기는 아래에만, 더운 공기는 위에만 머물게 되어 효과적인 냉난방을 하기 어렵습니다(그림 3.19).

4

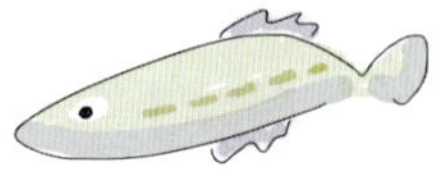

바람이 불어도 움직여요

지금까지 압력의 차이가 있는 경우(3.2절 참고)와 밀도의 차이가 있는 경우(3.3절 참고) 유동이 생기는 예를 살펴보았습니다. 이제는 마찰력으로 유체를 움직이고 멈추는 것에 대해 살펴봅시다.

입으로 바람을 불어 커피를 움직이게 하는 현상은 10 cm 내외의 공간 규모와 수 초에서 수 분의 시간 규모를 가지는 공기와 커피 사이의 마찰에 관한 현상입니다. 바다 위에 부는 바람과 바다(상층부)와의 마찰은 이보다 크고 긴 시간에 걸쳐 발생합니다. 바다에서 바람이 부는 공간 규모는 약 100 km 이상이며, 이는 바람의 움직임이 100 km 내외의 공간에서 서로 연관되어 있다는 의미입니다. 또한, 연안에서 바람은 이보다 공간 규모가 작습니다.

바람이 전달해 준 운동량은 유체의 표면에서 가장 많고, 표면 아래로 갈수록 감소하여, 이로 인한 유체의 이동은 표층이 가장 크고, 아래로 갈수록 감소합니다. 바람과 유체 사이의 마찰에 의해 표층에서는 바람이 부는 방향과 유동의 방향이 거의 일치하며, 일정한 방향의 바람이 장시간 부는 경우 전향력의 효과(3.5절에서 다룰 예정)로 표층에서 유동은 바람의 방향으로부터 오른쪽(북반구) 또는 왼쪽(남반구)으로 휘는 현상을 동반합니다. 이를 구체적으로 기술하면 유동은 표층에서는 바람의 방향의 45° 오른쪽(북반구 기준)으로 향하고, 표층으로부터 깊이가 깊어질수록 전달된 바람의 운동량은 줄어드나 전향력은 동일하게 작용하여 바람에 의한 유동은 깊이 방향으로 시계 방향(북반구 기준)으로 회전하는 나선형 구조를 가지게 됩니다. 이를 에크만 나선 구조라고 합니다(그림 3.20).

해륙풍(그림 3.19)과 같이 전향력이 작용하지 않는 규모의 바람과 유동은 압력 차이의 방향과 유동의 방향을 같은 방향을 가집니다(그림 1.13 참고).

또한, 바람을 통해 전달된 운동량은 적당한 깊이까지 전달되어 물의 수직혼합을 유도하고, 작은 규모의 난류를 형성하여 바람이 전달해 준 운동 에너지가 유체에 전달되어 변환되고 소진됩니다.

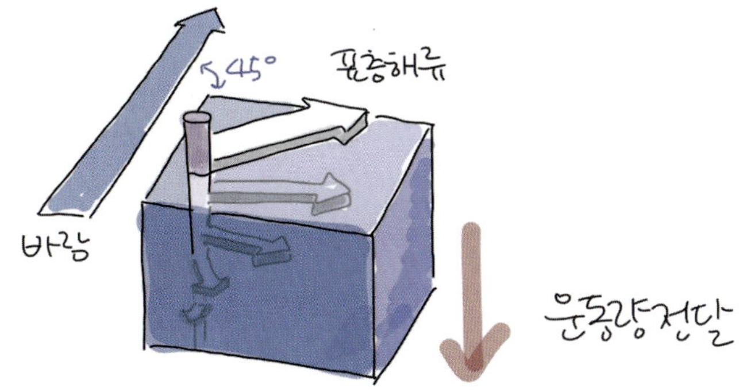

그림 3.20 깊이 방향으로 바람의 운동량 전달 및 에크만 나선(Ekman spiral) 구조

5
회전판 위에서의 물

바다는 하루에 한번 자전하는 지구 위를 움직이는 유체로 간주할 수 있기 때문에, 바다에서 일어나는 유동은 회전하는 판 위에서 고려하는 것이 적절합니다. 요즈음은 많이 사라졌지만 놀이터 놀이기구 중에 원형으로 돌아가는 빙글돌이(일명 뺑뺑이, 영어로 merry go-round 또는 roundabout) 위에서 움직이는 물체를 생각해 봅시다(그림 3.21).

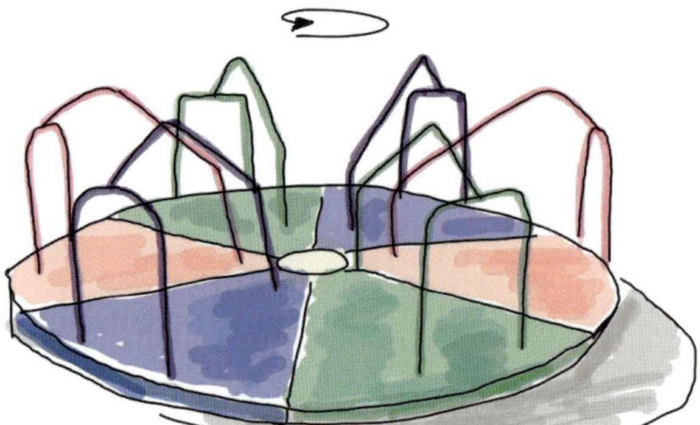

그림 3.21 놀이터 빙글돌이

빙글돌이 위의 두 친구가 서로 공을 던져 주고받는 경우을 생각해 봅시다(그림 3.22). 반시계 방향으로 돌고 있는 빙글돌이 외각에 있는 친구가 공을 직선으로 빙글돌이의 중심에 있는 친구에게 던질 때, 받는 친구가 손을 왼쪽으로 뻗어 큰 동작을 하지 않는다면 그 공을 받을 수 없습니다. 왜냐하면, 회전판 위에서(일정 회전 속도를 가지는 회전판 위에서) 외부 힘을 받지 않고 직선 운동을 하는 물체는 회전의 영향을 받아 그 경로가 변경되기 때문입니다. 이와 같이 회전판 위에서 자유 운동하는 물체에 가해지는 힘을 전향력이라고 합니다.

그림 3.22 빙글돌이에서 직선으로 던져진 공이 휘는 현상. 다만, 관찰자는 빙글돌이 외부에 위치함.

한 가지 흥미로운 것은 회전판에서 움직이는 물체를 회전판 위에서 바라보는 경우와 회전판 바깥에서 바라보는 경우가 서로 다르게 기술될 수 있다는 점입니다. 이를 위한 실험을 위해 회전판에 카메라를 설치하여 회전판과 같이 회전하게 하고 움직이는 물체를 관찰하는 것과 회전판 바깥에서 움직이는 물체를 관찰하는 것, 두 가지로 나누어 살펴볼 수 있습니다(그림 3.22와 3.23). 실제 바다에서 일어나는 유체의 현상은 관찰자가 지구 위에 있기 때문에 관찰자가 회전판 위에 있는 것으로 고려하는 것이 적절합니다(그림 3.23). 다만, 우리가 바다의 유동을 관찰할 때, 실제로는 회전판 안에서 관찰하고 있으나 회전판과 무관하게 관찰하는 것으로 인식할 수 있어, 이러한 관찰자의 입장과 위치를 명확히 하는 것이 중요합니다. 특히, 우리 눈으로 바다의 움직임을 관찰하기는 어려워 원격탐사 장비인 인공위성을 이용하는데, 지구의 자전주기와 동일한 주기를 가지는 인공위성을 이용함으로써 회전판 위에서 같이 회전하는 관찰자로 간주할 수 있습니다.

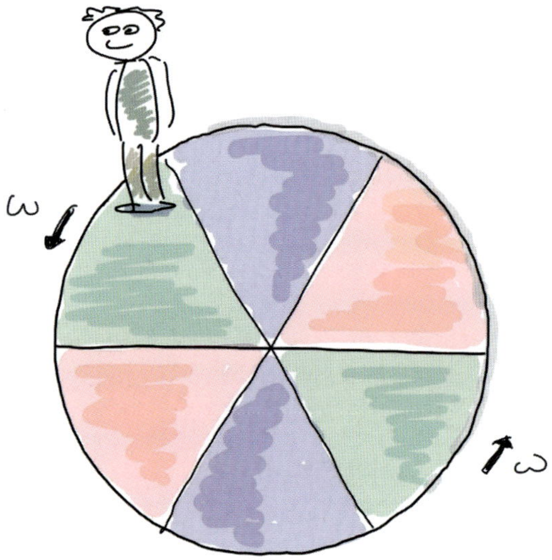

그림 3.23 관찰자가 회전판 위에 위치하여 회전판과 같이 돌아가는 경우

전향력은 회전판 위에서의 자유 운동하는 물체, 즉 실시간으로 위치를 보정하는 미사일이나 비행기의 운동이 아닌 추가적인 외력이나 경로의 보정 없이 속도를 가진 물체에 적용됩니다. 대륙 간 포탄을 발사하는 경우 지구의 자전 효과를 고려하는 것도 유사한 맥락입니다. 현재 대륙 간 탄도 미사일의 경우 실시간 경로의 조정 및 수정이 가능하여 전향력의 고려 대상이 되는 자유 운동 물체로 보기는 어려우나, 바다에서의 물의 이동은 자유 운동 물체로 볼 수 있어 전향력이 작용합니다. 그래서 지구 자전의 회전 속도를 고려하여, 북반구(남반구)에서는 물체의 운동 방향에 대하여 오른쪽(왼쪽)으로 휘어지는 경로를 가지게 됩니다. 지구를 북극에서 내려다 보는 경우, 지구의 자전 방향이 반시계 방향이므로, 북반구에서는 운동하는 방향의 오른쪽으로 휘는 항적을 만들고, 남반구에서는 운동하는 방향의 왼쪽으로 휘는 항적을 만듭니다(그림 3.24).

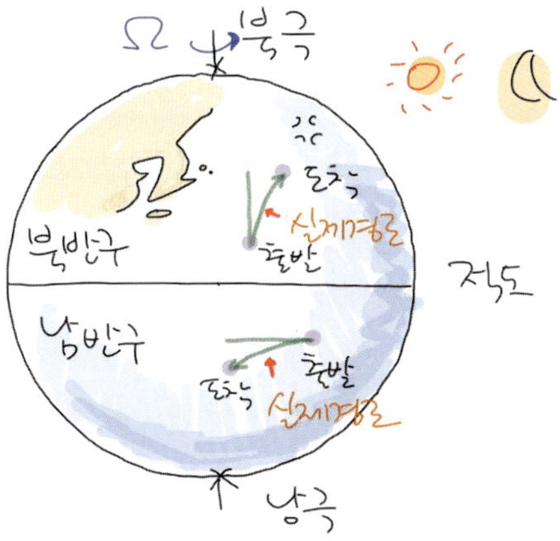

그림 3.24 지구에서 전향력이 작용하여 경로가 휘는 모양의 예

회전판의 중심과 가장자리에서 등속도(ν)로 던져진 공의 운동을 관찰자가 회전판 위에서 공의 이동을 관찰하는 관점에서 살펴봅시다(그림 3.25). 회전판 중심에서 반지름의 바깥 방향으로 일정 속도 ν로 출발한 공의 경우(보라색 공), 등각속도 ω로 회전하는 회전판에는 접선 방향(각도 방향) 속도가 반지름 r에 의해 rω라는 속도로 분포되어 있고 회전판의 접선 방향 초기 속도는 0이므로(다만, 회전판의 반지름 방향 속도는 ν), 접선 방향 상대 속도는 −rω입니다. 따라서 공은 등가속도 운동으로 고려할 수 있습니다. 이로 인한 이동거리는 시간의 제곱에 비례하는 이차 함수의 형태로 나타납니다. 유사하게 회전판의 가장자리에서 반지름의 안쪽 방향으로 일정 속도 ν로 던진 공의 경우(풀색 공), 접선 방향 속도는 중심에서 출발한 경우와 동일하나 접선 방향 초기 속도는 $r_0ω$로 주어지기 때문에(마찬가지로, 회전판의 반지름 방향 속

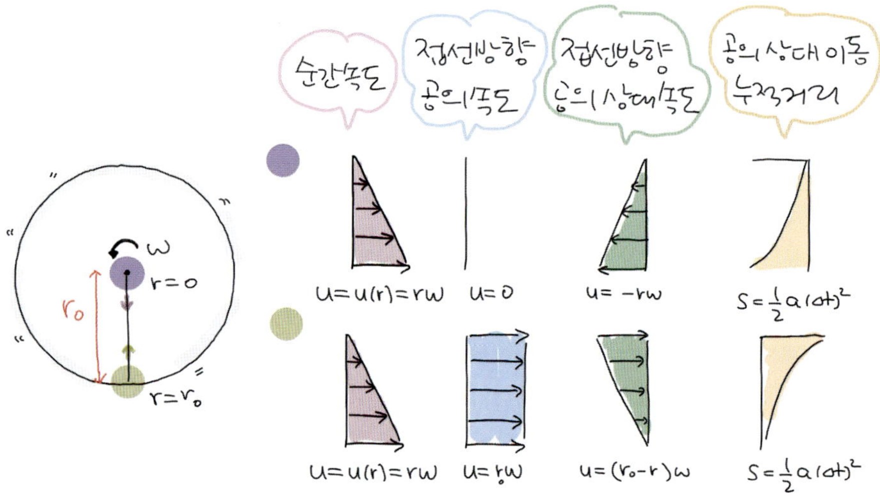

그림 3.25 회전판의 중심과 가장자리에서 던져진 공의 등가속도 운동을 도식화한 예

도는 v) 접선 방향 상대 속도는 $(r_0-r)\omega$로 주어지고, 위와 유사하게 등가속도 운동 및 운동에 걸리는 시간의 제곱에 비례하는 이동거리를 보입니다.

회전판 위에서 직선으로 던져진 공을 회전판 위의 관찰자가 관찰할 때, 공이 가지는 회전 각속도는 어떻게 될까요? 조금은 복잡하지만 수식과 그림을 가지고 이해해 봅시다(그림 3.26).

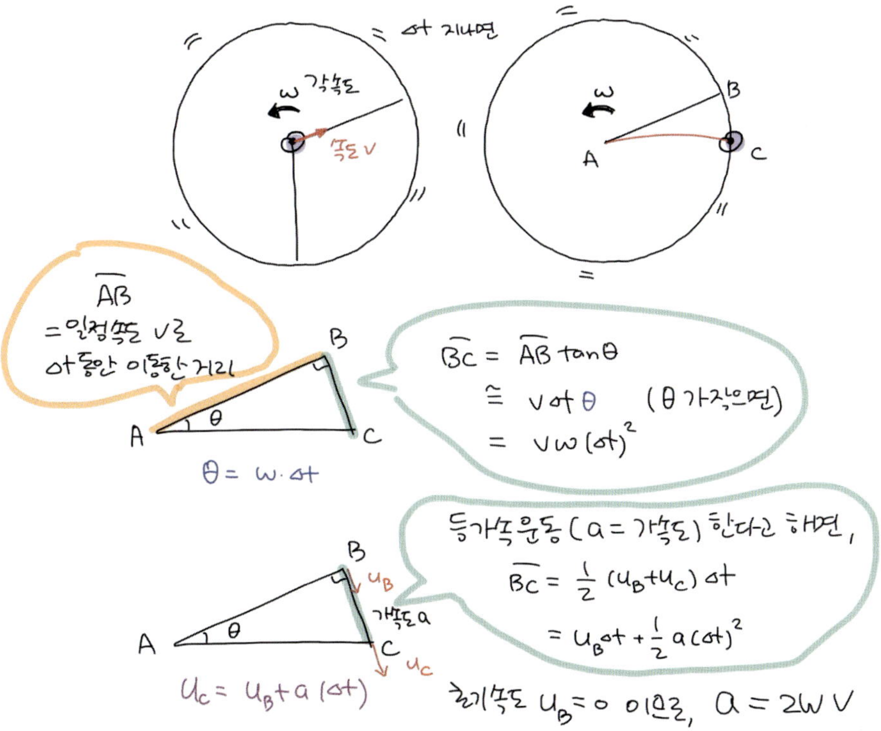

그림 3.26 회전판 위에서 직선으로 던져진 공을 회전판 위의 관찰자가 관찰할 때, 공이 가지는 회전 속도 계산

반지름이 r인(AB 사이의 거리) 회전판의 회전 각속도가 ω일 때, 관찰자가

회전판 중심에 위치해 있고, 회전판 중심에서 반지름 방향 직선으로 등속도 v로 공을 던질 때, 공이 Δt 시간 후에 회전판 가장자리에 도달한다고 가정하고, 공에 실제 작용하는 각속도를 계산해 봅시다. 중심에서 직선으로 그은 선 AB와 실제 도착 위치 AC를 직각 삼각형 ABC로 분리하여 생각하면, Δt 시간 동안 회전한 각도(θ)는 $\omega\Delta t$입니다. BC 간의 거리를 서로 다른 두 방법으로 산정할 수 있습니다. 첫 번째 방법으로, 회전각도를 미소각으로 가정하면 (미소각 α의 $\tan\alpha$는 α로 가정할 수 있으므로) BC 간의 거리는 $v\Delta t\,\theta$이고 회전각도를 고려하면, BC 간의 거리는 $v\omega(\Delta t)^2$으로 근사할 수 있습니다. 두 번째 방법으로, 공은 회전판 중심에서 반지름 방향으로 등속도 v로 이동하였지만, 접선 방향의 속도는 초기 B 위치에서는 0, 최종 위치 C에서는 0이 아닌 속도를 가지게 됩니다. 즉, BC 간의 운동은 등가속도 운동이고, BC 간의 거리는 각 위치에서의 속도의 평균과 이동에 걸린 시간으로 $(u_B + u_C)\Delta t/2$와 같이 표현되며, 이를 등가속도 a로 가정하면 $u_B\ \Delta t + a(\Delta t)^2/2$이고 초기 속도 u_B가 0이라고 하면 $a(\Delta t)^2/2$입니다. 두 방법으로 구한 거리를 비교하면 등가속도 a는 $2\omega v$입니다. 즉, 각속도 ω인 회전판 위를 정지한 상태에서 직선 방향 등속도 v로 움직이는 물체는 $2\omega v$의 가속도를 가집니다. 여기서 속도를 제외하면 물체가 받는 회전 각속도는 2ω로 회전판의 각속도 ω의 2배가 됩니다(그림 3.26).

지구상의 자유롭게 움직이는 모든 유체는 지구 자전, 즉 회전 효과에 의한 전향력을 받습니다. 임의의 위도에서 지구 자전에 의한 전향력과 이에 의한 회전 주기(코리올리스 주기)를 고려하기 위해, 위도 θ에 정육면체의 유체를 가정합니다. 지구의 회전 각속도(또는 회전 주파수)가 Ω이면 위도 θ에서는 유체 덩어리의 수직 방향으로 2 Ω sin θ, 수평 방향으로 2 Ω cos θ가 작용합니다(그림 3.27). 즉, 극지방에서 회전 각속도 2Ω, 적도에서는 0, 임의의 위도 θ에서는 2 Ω sin θ의 각속도의 전향력이 작용합니다.

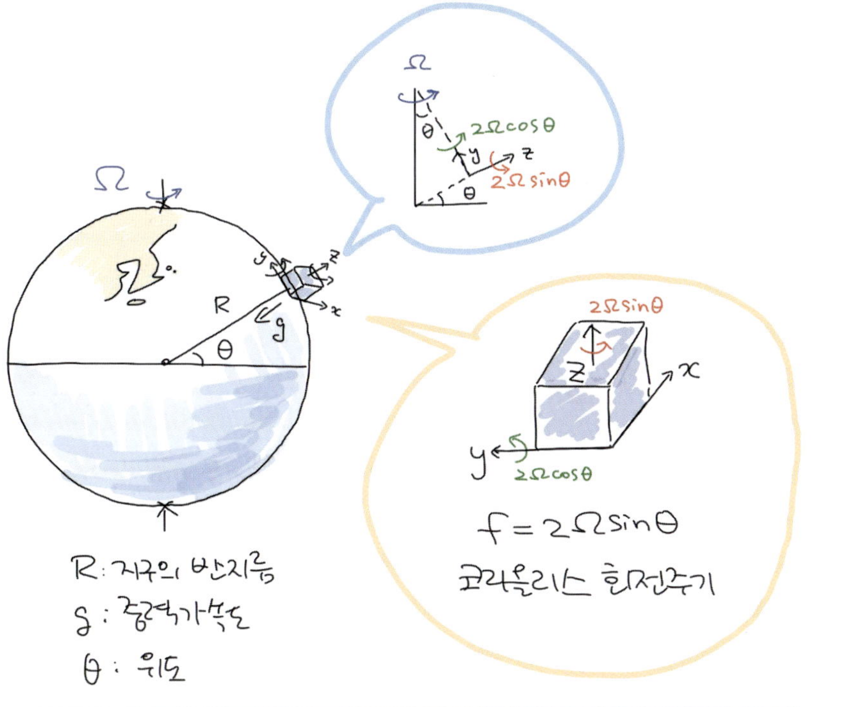

그림 3.27 위도에 따른 회전주기 및 정육면체에서의 유체에 작용하는 회전주기

자전하는 지구상에 있는 작은 정육면체의 유체를 상상하기 어려우면, 내 머리의 임의의 위치에 엄지손톱 만한 혹을 정육면체의 유체로 상상하며, 내 머리가 지구처럼 회전한다고 할 때 그 혹이 느끼는 회전 각속도를 생각해 봅

시다(그림 3.27).

전향력은 유체의 시공간 크기가 충분히 크고 주기가 느리며 자유 운동하는 속도를 가진 유체에만 작용합니다. 커피 잔에 담긴 커피는 지구 자전에 의한 전향력을 느낄 수 있을까요? 싱크대나 욕조에 담아둔 물은 어떨까요? 강과 호수는 어떨까요?

전향력이 유효하게 작용하기 위해서는 최소 수 km 및 수일 규모의 유동을 고려해야 합니다. 즉, 바다에 있는 유체에는 대부분 전향력이 작용합니다.

그림 3.28 지구가 자전하는 것과 커피가 담긴 잔이 회전하는 것 사이의 유사성을 표현한 예

이러한 전향력은 유체역학을 유체동역학으로 만드는 것으로 많은 학생들이 어려움을 느끼지만, 이와 같은 원리를 알고 나면 누구나 쉽게 접근할 수 있습니다(그림 3.28).

컵에 담긴 커피에 우유를 떨어뜨리고, 위와 같이 회전시키면 어떤 일이 일어날까요? 이러한 현상은 회전하지 않는 원형 물통과 회전하는 원형 물통에 잉크를 동일하게 떨어뜨려 확인할 수 있습니다. 분자 간의 운동(확산 또는 브라우니안 운동)과 코리올리스 힘에 의한 영향으로 인해 회전하는 물통에서는 염료들이 길게 늘어남과 동시에 원형의 유동을 따라 움직이는 패턴을 보여 주고(그림 3.29 왼쪽), 회전하지 않는 물통에서는 확산만 일어나는 것을 볼 수 있습니다(그림 3.29 오른쪽).

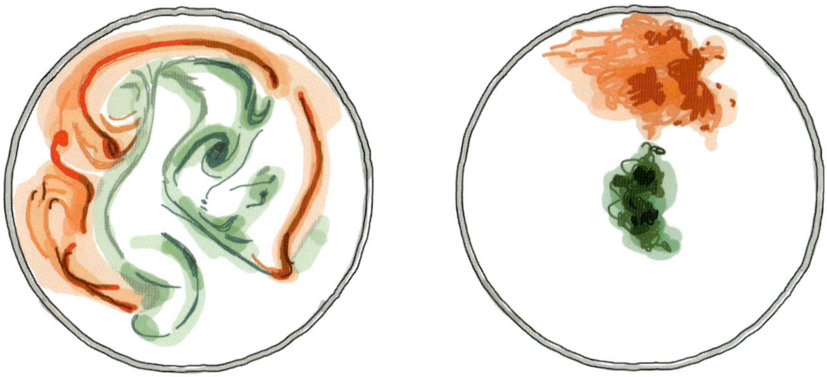

그림 3.29 원형 물통에 잉크를 떨어뜨려 잉크의 움직임에 따른 유동의 예. 원형 물통이 관찰 카메라와 같은 속도로 회전하는 경우(왼쪽)와 원형 물통과 관찰 카메라가 모두 고정된 경우(오른쪽).

이것는 지구뿐만 아니라 태양계 내에 회전하는 행성에서도 발견되는데, 목성의 이미지(최근에 출시된 아이폰의 화면)에서도 이러한 유사 현상을 볼 수 있습니다(그림 3.30).

그림 3.30 목성의 표면 이미지들

6

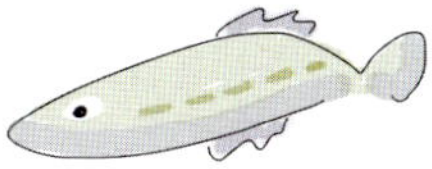

마찰이 느리게 하지요

커피 잔에서 움직이는 커피를 멈추는 예를 들면서 경계층에 대해 잠시 언급하였습니다(그림 2.12). 경계층은 바람에 의해 주어진 운동량이나 정지하고 있는 커피 잔에 의해 줄어든 운동량이 점성을 통해 힘의 방향에 수직 방향으로 유의미하게 전달되는 거리를 말합니다(그림 3.31). 고정된 2차원 원형 물체 주변에 일정한 방향의 유동(그림 3.31의 U)이 흐를 때, 그 물체의 영향을 받는 부분과 영향을 받지 않는 부분의 영역으로 나뉠 수 있습니다. 엄격히 정의하면, 고정된 물체 주위에 일정한 방향을 가진 유동 크기의 99%(0.99 U)가 나타나는 곳을 연결하면 경계층을 찾을 수 있습니다. 유동이 A에서 C로 원형 물체 주변을 지나갈수록 U가 나타나는 수직 위치는 점점 높아집니다. 다만, B 위치에서는 고정 물체 근처에서 유체의 속도가 0이 되는 전이 과정으로 생각해 볼 수 있으며, C 위치로 이동할수록 고정 물체 근처에서 유동은 U의 방향에 반대 방향으로 역류하여 실제 유동은 B 위치에서 물체로부터 떨어져 나가는 박리가 시작됩니다. 박리 현상 전후로 압력의 차이는 A 위치에서 음의 압력 차이가, C 위치에서는 양의 압력 차이가 일어납니다. 이러한 압력 차이와 고정 물체 근처에서의 유동의 역류, 그리고 박리가 생기면서 고정된 2차원 원형 물체 후류(downstream)에서는 회전하는 와동류(eddies)가 생깁니다. 특히, 박리는 B와 대칭인 B* 부분에서도 일어나고, 두 위치에서 동시에 일어나는

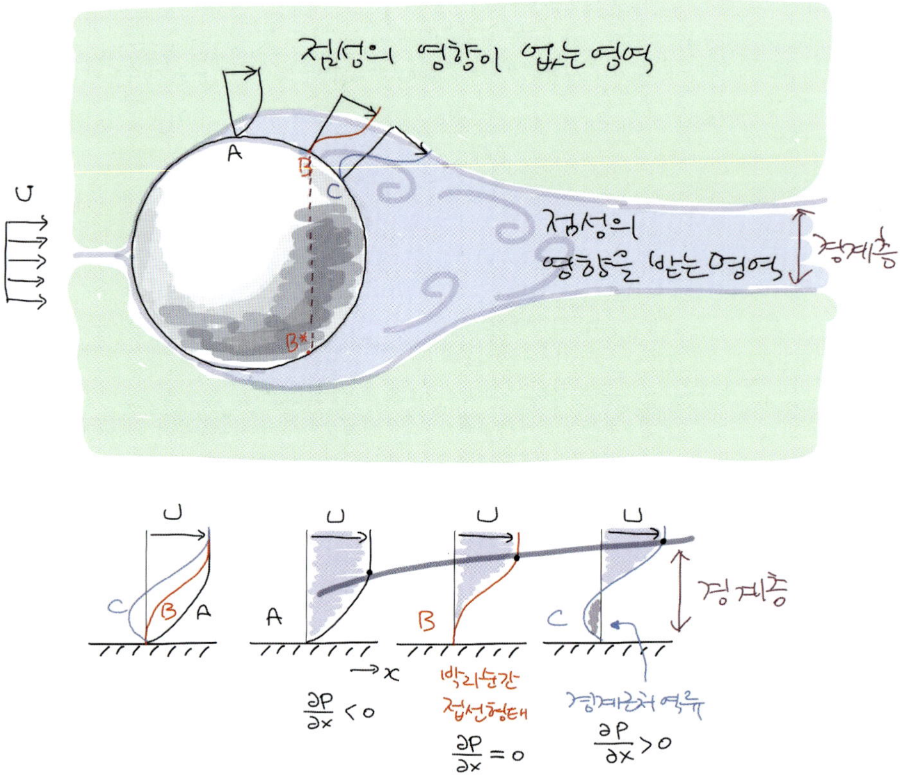

그림 3.31 점성의 영향이 있는 영역과 점성의 영향이 없는 영역. 경계층이 점점 높아지면서 물체 표면 근처에서 박리(B) 및 역류(C) 현상을 기술하는 그림. B의 위치 및 상하 대칭 위치(B*)에서 주기적인 박리 현상이 발생하며 와동류가 생기는 예

것이 아니라 번갈아 생깁니다(그림 3.31). 이러한 점성의 영향을 받는 영역을 경계층이라고 하고, 고정 물체로부터 0.99 U가 나타나는 영역을 의미합니다. 자연에서도 이와 유사한 현상을 발견할 수 있는데, 섬을 지나는 바람에 의해 섬 뒤편으로 번갈아 와동류가 생기는 경우가 바로 그 현상입니다(그림 3.32).

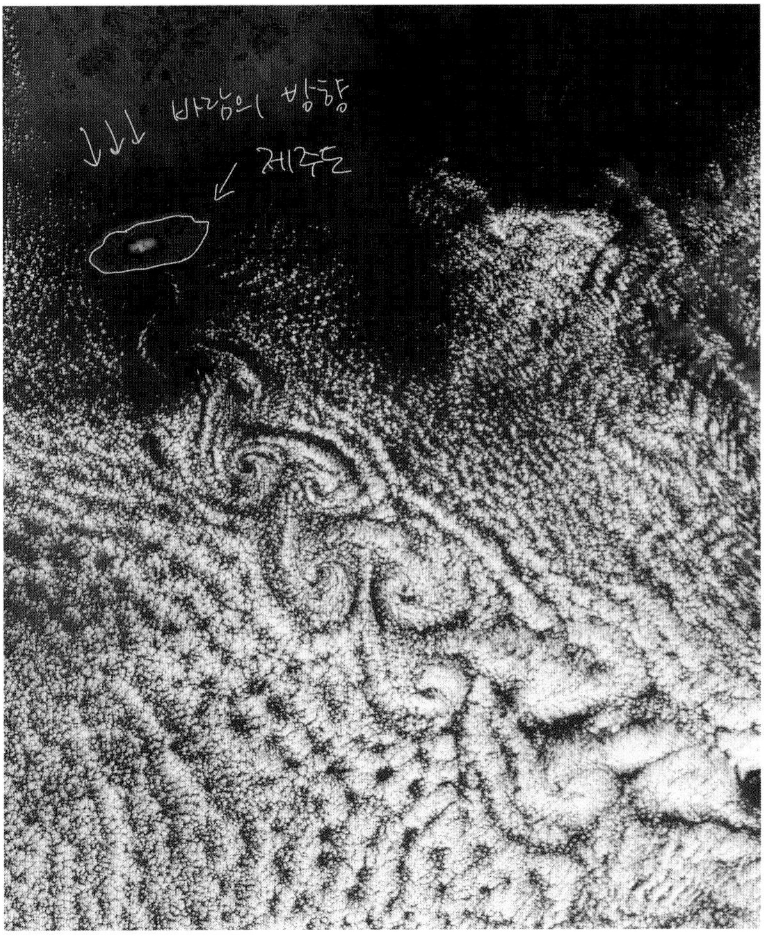

그림 3.32 제주도 뒤편에서 일어나는 주기적인 와동류 예(von Karman vortex street)

또한, 바닷가의 지형 중에 육지 쪽으로 움푹 들어간 곳을 만(bay), 바다 쪽으로 돌출된 부분을 곶(cape)이라고 합니다. 곶 주변에 일정한 주기를 가지는 조류가 흐를 때, 고정된 연안 지형과 그 주변의 유동에 의해 경계층이 형성되고, 곶 가장자리에서는 양의 압력차에 의한 박리 현상이 일어납니다(그림 3.33).

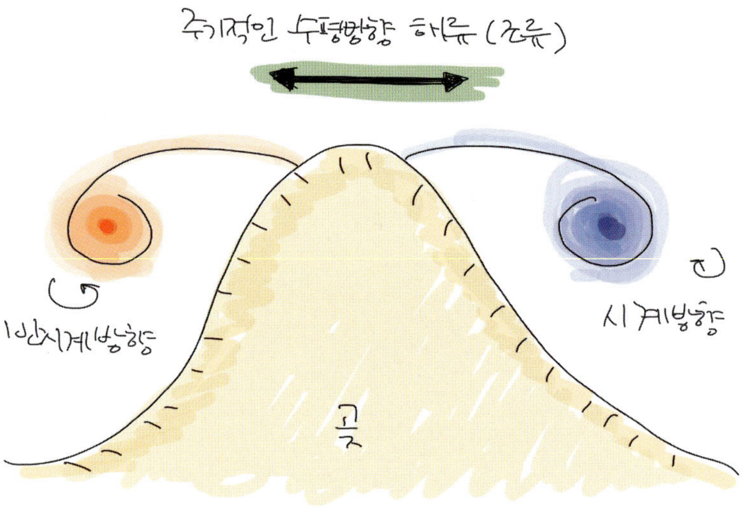

그림 3.33 곶 주위의 주기적인 해류에 의한 와동류 생성

지금까지는 고정된 물체 주위의 유동 중에, 그 물체가 유동의 방향에 대해 대칭인 경우를 살펴보았는데, 이제는 대칭이 아닌 물체 주변의 유동을 살펴보고자 합니다. 고정 물체의 형상이 유동의 방향에 대해 대칭이 아닌 경우, 물체를 가로지르기 전과 후의 유동은 같은 시간 동안 이동하는 거리가 다릅니다. 이로 인해 비대칭인 두 영역에 유동의 속도차가 생기고 이로 인한 압력차가 생기는 원리를 이용함으로 물체를 들어올리는 힘과 누르는 힘으로 적용한

사례들이 있습니다. 양력을 받는 비행기 날개와 자동차 뒷편에 있는 고속주행 시 안정감을 주는 스포일러가 그 예입니다. 비행기 날개 위쪽 공기의 이동거리는 아래쪽에 비해 상대적으로 길어, 같은 시간에 다른 거리를 이동하는 연속된 유체로 생각할 때, 날개 위쪽은 공기의 속도가 빠르고, 날개 아래쪽은 공기의 속도가 느립니다. 이로 인하여 날개 위쪽은 압력이 낮고, 날개 아래쪽은 압력이 높아 힘이 위쪽으로 작용하는 양력으로 들어올리는 힘이 생깁니다(그림 3.34 왼쪽). 이와 반대로 스포일러의 경우 고정 물체 주변의 유동의 이동거리는 아래쪽이 더 길어 압력은 위쪽이 높고 아래쪽이 낮아 누르는 힘이 작용합니다(그림 3.34 오른쪽)

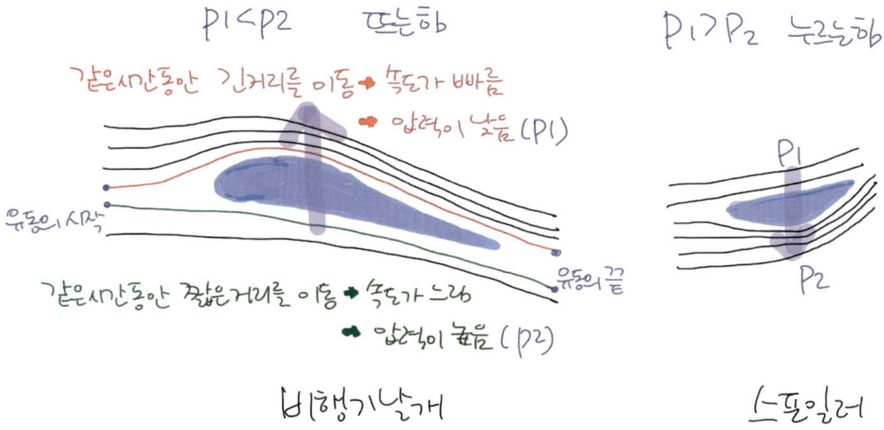

그림 3.34 비행기 날개 및 스포일러 위 아래 유동의 속도차에 의한 뜨는 힘과 누르는 힘의 예

이와 같이 고정 물체 주위의 유동에 따른 압력차에 의해 물체는 수직 방향으로 힘을 받을 수 있습니다. 물체를 고정하지 않는 경우 주기적인 박리가 위

아래에서 일어나기 때문에 위아래 방향으로 진동하는 현상이 생길 수 있습니다(그림 3.35). 유동에 의한 박리 현상으로 인한 와동류가 주기적으로 생기면서 발생하는 진동을 에너지로 변환하는 기술이 있습니다(5.7절 참고).

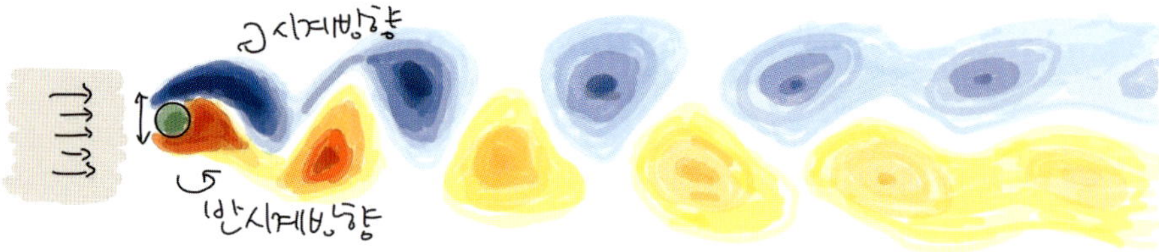

그림 3.35 와류(vortex street) 주위의 상하 압력차로 인해 진동이 생기는 예

7 바다는 얼마나 클까요?

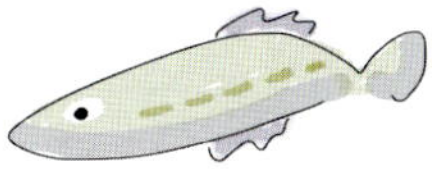

바다는 수평 방향으로 수백~수천 킬로미터, 수직 방향으로는 위치마다 다르겠지만, 연안은 100 m, 깊은 바다는 1000 m 정도의 깊이를 가진다고 볼 수 있습니다. 이러한 수평 및 수직 방향에서의 길이 비율을 고려하면 납작한 용기에 담긴 소금물이라고 생각해 볼 수 있고, 이는 슬라이스 치즈의 수평 및 수직 거리의 비율과 유사합니다(그림 3.36).

조금 다른 이야기이지만, 남극과 북극의 빙하(10 m 미만의 두께로 가정하면)는 치즈보다는 얇은 스카치 테입 정도로 생각하면 적절한 비율이 될 것입니다.

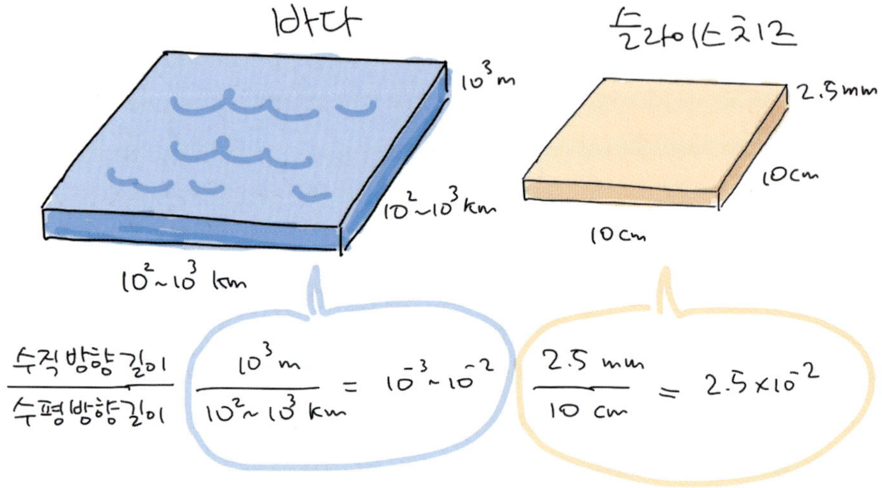

그림 3.36 바다와 슬라이스 치즈의 수평 및 수직 방향 길이 비율 비교

바다는 깊이 방향으로 유체의 특성(예, 밀도나 온도)이 일정하다고 가정하는 경우가 종종 있습니다. 다만, 중력이 작용하는 자연에서 무거운 물은 아래에, 가벼운 물은 위에 위치하기 때문에, 이러한 수직 방향의 밀도차가 실제로 존재하고, 이로 인하여 생기는 다양한 물리 현상이 관측되어 왔습니다(그림 2.4와 5.7절 참고).

지구 표면의 70% 이상이 바다로 구성되어 있어, 바다가 지구를 덮고 있는 것처럼 보이지만, 실제로는 해저 지형과 산이 바다를 담고 있는 그릇이라고 할 수 있습니다(그림 3.37). 바다의 유동은 중력, 압력, 마찰력(바람), 확산에 의해 만들어지고, 해저 지형과 유체 사이의 마찰로 정지하게 됩니다.

그림 3.37 남해와 제주를 가로질러 살펴보면 커피가 컵에 담긴 것처럼 바다는 육지와 해저 지형에 담겨 있음.

3장은 어리가 요약을 도와줄게요.

- 해수의 밀도는 염도와 온도에 영향을 받아요.
- 얼음을 해수와 담수에 넣어 얼음이 녹는 속도를 비교해 보면, 해수보다 담수에서 얼음이 빨리 녹아요. 왜냐하면, 담수에서는 얼음에 의한 온도차(밀도차)로 인해 수직 방향 유동이 생기고, 해수에서 얼음에 의한 온도차(밀도차)가 염도차(밀도차)보다 기여하는 게 작아 유동이 일어나지 않기 때문이에요.
- 계절에 따른 바람은 대기의 압력차에 의해 생겨나요.
- 자연에서 무거운 물은 아래로 가벼운 물은 위로 이동하여 안정화시키기 위해 유동이 생기기도 해요.
- 바닷가에서 하루 주기로 해륙풍이 있고, 불안정한 구조의 밀도층은 이를 안정화하기 위해 물이 섞이기도 해요.
- 회전하는 판 위의 자유운동하는 물체(물 포함)에는 전향력이 작용해요.
- 전향력에 의해 지구 위에서 자유 운동하는 물체는 운동 방향의 오른쪽(북반구)으로 왼쪽(남반구)으로 경로가 기울어져요.
- 바다의 수평 방향과 수직 방향 길이를 비교해 보면, 슬라이스 치즈의 길이 비율과 비슷해요.

4장

바다에서 볼 수 있는 다양한 현상들과 안전상식

1 열과 바람의 경쟁: 성층화와 혼합층

바닷물의 주요 특징으로 온도와 염도를 들 수 있고, 이 둘의 조합으로 밀도를 알 수 있습니다. 온도와 염도를 바다에서 관측하는 방법은 여러 가지가 있겠지만, 온도는 온도계를 이용하고, 염도는 바닷물의 전기 전도도(conductivity)를 환산합니다. 모두 직접 장비를 물에 넣어 관측을 하지요. 표층에서의 온도와 염도를 관측하기도 하지만, 깊이 방향으로 장비를 집어 넣는 경우 압력을 기록하는 장비를 같이 넣어, 물의 압력으로부터 깊이를 산정하기도 합니다. 이러한 깊이 방향의 온도와 염도를 관측하면, 수직 방향에서 어느 정도의 성층이 있고, 혼합이 이루어져 있는지 알 수 있습니다. 그림 4.1은 바다에 배를 타고 나가 얻은 자료의 예로, 온도는 표층에서 높고, 깊이가 깊어질수록 낮아지며, 이 두 영역 사이에 온도가 급격히 변하는 수온약층이 있습니다. 염도는 이와 반대로 표층에서 상대적으로 낮고, 깊이가 깊어질수록 높아지는 현상을 보입니다. 이 온도와 염도의 조합을 통해 밀도는 표층 근처에서 낮고, 깊이가

깊어질수록 높게 배치되는 안정한 구조를 가집니다. 깊이에 따라 온도와 염도를 기록하는 장비를 CTD(conductivity-temperature-depth)라고 하고, 배에서 장비를 일정한 속도로 내리면서 온도와 염도를 기록하여 배로 전달합니다.

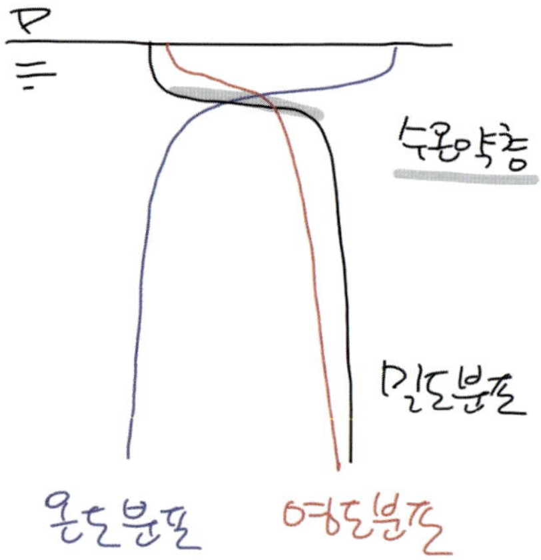

그림 4.1 바다에서 수직 방향으로 온도, 염도, 밀도의 분포의 예

바다는 태양이 전해 주는 열에너지와 바람이 전해 주는 운동량 및 바람과 바다의 온도차에 의한 열에너지를 공급 받습니다. 태양이 하루에 한 번 뜨고 지는 과정을 통해, 바다에 일어나는 열공급과 열손실이 반복되면, 바다는 층을 이루게 됩니다. 먼 바다에 나가 한 위치를 정해 봅시다. 바닷물의 밀도가 위와 아래 수직 방향으로 일정하다고 가정하고(뒤에서 이 가정에 대해 논의합시다), 태양으로부터 열에너지를 공급받을 때, 깊이 방향으로 일정한 밀도는 어떻게 변할까요?

태양으로부터 열에너지가 해수면에 도달하고, 열에너지의 전달되는 양은

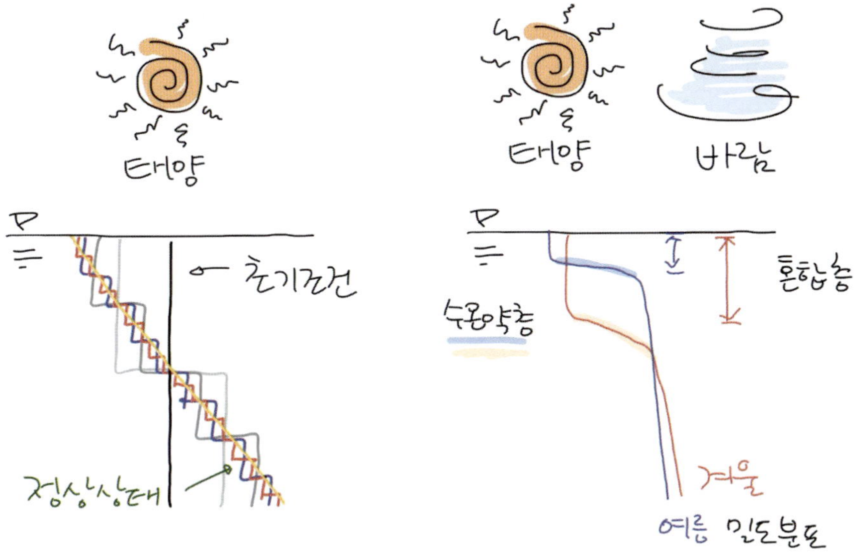

그림 4.2 초기 조건으로 수직 방향의 밀도가 일정하다는 조건이 주어진 상태에서 태양에 의한 열에너지로 정상 상태의 안정된 성층 구조를 이루는 예. 태양에 의한 열에너지와 바람에 의한 에너지의 공급을 통해 혼합층, 수온약층 및 깊은 바다의 구조를 여름과 겨울에 따른 밀도 구조로 보여 준 예.

깊이가 깊어질수록 점점 줄어듭니다. 이를 쉽게 설명하기 위해 밀도의 수직 분포가 계단식으로 변한다고 가정하고, 유효 깊이까지는 열을 얻어 밀도가 감소하고, 유효 깊이 아래는 열을 받지 못하고 잃어 밀도가 증가한다고 생각해 봅시다(그림 4.2 왼쪽 참고). 깊이가 h인 바다에 상층부 h/2만큼 열이 전달되어 밀도가 감소하고, 하층부 h/2에는 열을 잃어 밀도가 증가합니다.

전달된 열을 조금 더 자세하게 살펴보면, 상층부 h/4에는 미세하지만 더 많은 열이 전달되어 밀도가 작게 감소하고, 상층부 h/4와 h/2에는 미세하지만 더 적은 열이 전달되어 밀도가 소량 증가합니다. 이러한 과정이 모든 계단식으로 된 층에서 일어나면, 표층에서 하층부로 일정하게 증가하는 직선과 같은 형태를 가지게 됩니다. 즉, 수직 방향의 밀도가 일정한 구조에서 계단식으로 변하며 가벼운 것은 위에 무거운 것은 아래에 위치하는 층을 이루는 구조를 가지게 됩니다. 또한, 계단식으로 변하는 밀도의 변화가 미소량이라고 하면, 계단식의 변화는 연속적으로 변하는 것처럼 간주될 수 있습니다. 위 계단식 변화는 해가 떠 있는 동안 주어진 밀도의 변화로 보는 게 적합합니다. 하루에 한 번 제공되는 태양의 열에너지의 공급과 손실이 지속되면, 주어진 수직 방향의 밀도 분포는 더 진전이 되어 정상 상태에 이를 수 있습니다. 앞에서 수직 방향으로 밀도가 일정하다는 초기 가정은 반복적인 계단식 변화를 겪는 밀도층에 대해 중립적으로 제시된 초기 조건이었습니다. 그것과 달리 상층부는 밀도가 낮고 하층부가 밀도가 높은 안정된 밀도 구조로 초기 조건이 주어지면, 반복적인 열공급과 손실로 정상 상태에 이르는 시간이 적게 걸릴 것으로 예상됩니다.

앞에서 살펴본 바다의 성층화는 태양에서 제공하는 열만을 고려한 제한적 상황에서 살펴본 것이었습니다. 실제 바다에서는 열 이외의 표층의 바람에 의해 운동량이 수직 방향으로 전달되고 이로 인한 표층의 혼합이 일어나 열이 균일하게 섞이는 현상이 생깁니다(그림 4.2 오른쪽). 다만, 태풍 등 극한 바람 조건 하에서는 더 깊은 곳까지 운동량이 전달되기도 하지만, 바람에 의한 운동량은 열이 도달하는 깊이보다는 낮아 상층부 50 m 미만의 깊이에 국한됩니다. 따라서, 표층의 밀도가 일정한 깊이를 혼합층이라고 하고, 운동량의 전달이 약한 혼합층 아래에서는 밀도의 변화가 급격히 변하는 수온약층, 열의 손실이 주로 일어나는 깊은 바다로 나눌 수 있습니다(그림 4.2 오른쪽).

우리나라를 포함한 북반구에서는 여름에 비해 겨울에 바람이 상대적으로 강하기 때문에 바다 표층에 주어지는 운동량이 여름에 비해 겨울에 더 큽니다. 참고로 태풍이나 장마철 비바람을 제외하면 바람은 여름보다 겨울에 강합니다. 또한, 계절에 따른 열에너지의 양이 달라, 여름에는 열의 양이 많이 주어지고, 겨울에는 상대적으로 적게 주어져 성층화가 여름에는 크고 겨울에는 작게 나타날 수 있습니다. 즉, 주어진 열의 양 차이로 표층과 깊은 곳에서의 밀도의 변화가 여름에는 크고 겨울에는 작습니다.

결국 열의 양과 바람의 세기로 인하여, 북반구 바다에서 여름에는 혼합층의 깊이가 얕고, 겨울에는 혼합층의 깊이가 깊어집니다. 혼합층의 깊이는 바다에 전달된 운동량이 가용한 위치 에너지(available potential energy)로 비축되어 있는 깊이를 의미할 수 있으며, 겨울에는 혼합층이 깊어 가용한 에너지가 상대적으로 많고, 여름에는 혼합층이 얕아 가용한 에너지가 상대적으로 적습니다(그림 4.3). 이런 가용한 에너지는 바다의 와동류를 만들어 내고 더 작은 규모의 유동과 난류의 형태로 변환됩니다.[2]

---

2 Soh, H. S. and S. Y. Kim, 2018: Diagnostic characteristics of submesoscale coastal surface currents, J. Geophys. Res. Oceans 123(3), 1838 - 1859, doi:10.1002/2017JC013428

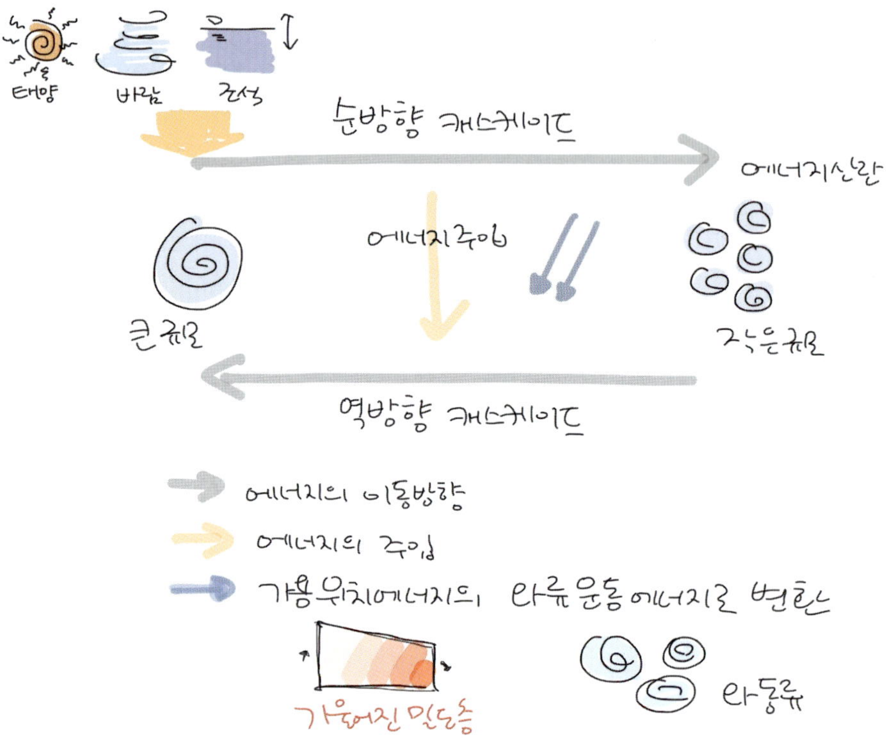

그림 4.3 바다에서의 주요 에너지원인 바람, 조석 및 열에너지의 이동 경로. 큰 규모의 유동이 작은 규모의 유동으로 변환되는 것을 순방향 캐스케이드, 작은 규모의 유동이 큰 규모의 유동으로 변환되는 것을 역방향 캐스케이드라고 함. 밀도층의 기울어짐의 정도에 따른 가용한 위치 에너지가 와동류의 운동 에너지로 변환될 수 있으며, 순방향과 역방향 캐스케이드 사이에 특정 공간 규모의 유동에서 에너지가 주입됨.

2
바다의 '위아래', '좌우'로 운동

지구와 달과 태양 사이에는 만유인력의 법칙에 의해 서로 당기는 힘이 작용하고, 이들 각각은 고유한 자전 주기와 공전 주기를 가집니다. 지구 위의 바다에도 지구와 달과 태양의 고유한 주기의 조합으로 서로 당기는 힘이 작용하여, 지구 위 바닷물이 당겨지고 밀어지면서 지구 위 바다의 특정 위치에서 바닷물의 높이가 주기적으로 오르락 내리락하는 현상, 즉 조석이 생깁니다(그림 4.4).

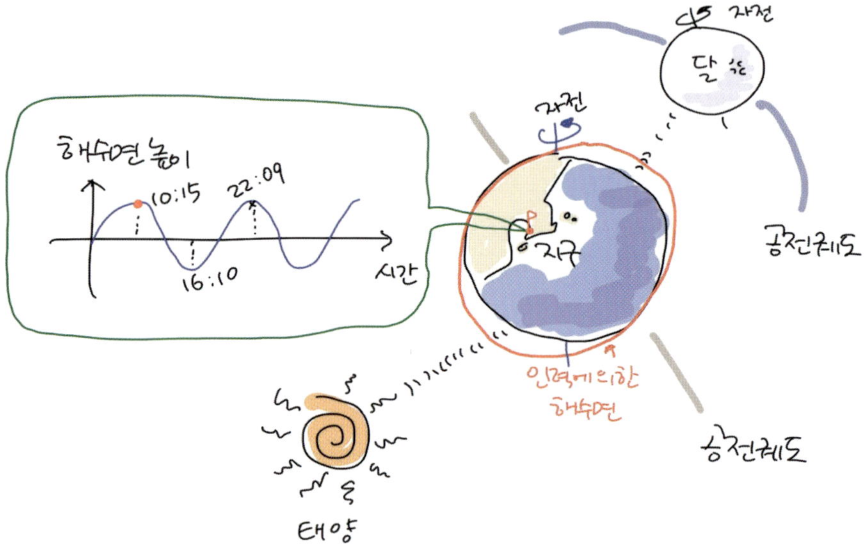

그림 4.4 지구와 달과 태양 사이의 당기는 힘과 각각의 자전 주기 및 공전 주기의 조합에 따른 바닷물이 위아래로 주기적으로 움직이는 조석 현상은 지구 위 특정 위치에서 주기를 가지는 시간에 따른 연속적인 기록, 즉 시계열 자료로 관측됨.

이러한 바닷물이 (수직 방향으로) 오르내리는 현상은 수평 방향의 물의 이동과 밀접하게 연관되어 있습니다. 조석의 다른 표현으로 '물이 들어오고 나간다'라고 하는데, 즉 수평 방향의 물의 이동, 조류를 의미합니다. 조석과 조류는 갯벌이 넓게 분포되어 있는 지역이나 대륙붕 같이 100 m 미만의 깊이의 연안에서는 상대적으로 크게 나타나지만, 깊은 바다에서는 그 물의 오르내림이 그리 크지 않습니다. 유동의 양이 보존되는 법칙을 고려하면, 깊은 바다에서의 작은 위아래 움직임에 의한 유동은 얕은 바다에서는 큰 위아래 움직임과 상대적으로 빠른 속도의 조류를 예상할 수 있습니다(그림 4.5).

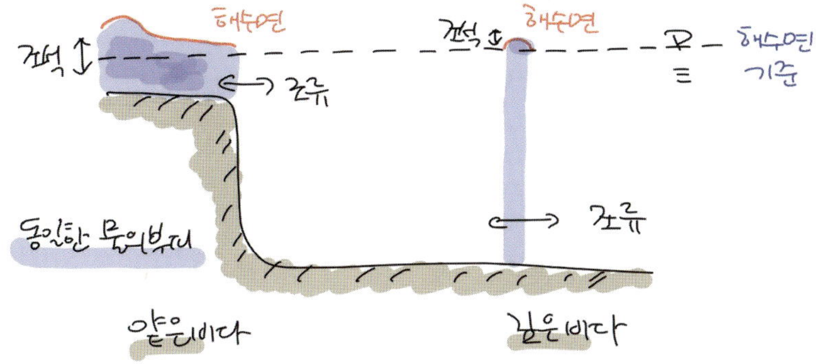

그림 4.5 깊은 바다와 얕은 바다에서 조석에 의한 유동의 양이 보존된다고 고려하면, 얕은 바다에서는 상대적으로 조류가 빠르고 조석이 크며, 깊은 바다에서는 상대적으로 조류가 느리고 조석이 작음.

우리나라 서해안은 전 세계에서 조석이 매우 강한 지역 중 하나입니다. 최근 시화호에 건설된 조력발전소에서는 조석에 의한 물의 높이차로 생기는 위치 에너지를 유동의 형태인 조류의 운동 에너지로 바꾸어 전기를 만들어 내고 있습니다(5.7절 신재생 에너지 관련 참조).

우리나라 서해안 또는 갯벌에 놀러 갈 때는 조석에 의해 물이 들어오고 나가는 시기를 잘 고려해야 합니다. 특히 갯벌에 물이 진입하기 시작하면, 이를 피하기에 이미 늦었을 수 있습니다. 갯벌에서 바다 방향으로 바라보았을 때 물이 밀려오며 햇빛에 반짝이는 것을 보았다면 육지로 나가야 할 시점입니다. 갯벌에서는 조류가 빠르고 갯벌흙에 의해 민첩한 이동이 어렵기 때문에, 육지로의 이동을 미리 준비해야 합니다. 종종 물이 밀려들어오면 '수영하면 된다'라고 생각하는 분들이 있는데요, 조류는 일반 바다에서 보는 물의 움직임보다 빠릅니다. 특히나 조류와 함께 떠밀려 움직이는 경우 수영으로 몸을 제어

하지 쉽지 않고, 돌이나 연안에 노출된 구조물에 부딪쳐 안전사고가 발생할 수 있기 때문에 절대 시도하지 말아야 합니다. 다시 말하면, 갯벌에서 놀이에 심취해 있다가 밀려들어 오는 조류를 발밑에서 발견하고 바닷가로 피하면 이미 늦을 수도 있습니다.

조석과 조류는 자연에 존재하는 시간에 따른 연속적인 기록 중, 즉 시계열 중에 규칙성 있는 신호로 생각해 볼 수 있습니다. 규칙성이라는 것은 일정한 주기, 즉 주어진 시간 동안 반복하는 정도가 일정하다는 의미입니다. 주기의 역수를 주파수라고 하고, 주파수는 규칙성 있는 시계열을 특징지을 수 있습니다. 예를 들어, 조석과 조류는 지구의 자전에 의해 하루에 한 번 오르락 내리락하는 주기를 가지며 동시에 달의 인력과 지구의 원심력에 의해 하루에 두 번 물이 오르락내리락하는 일정한 주기를 가집니다(그림 4.6 왼쪽).

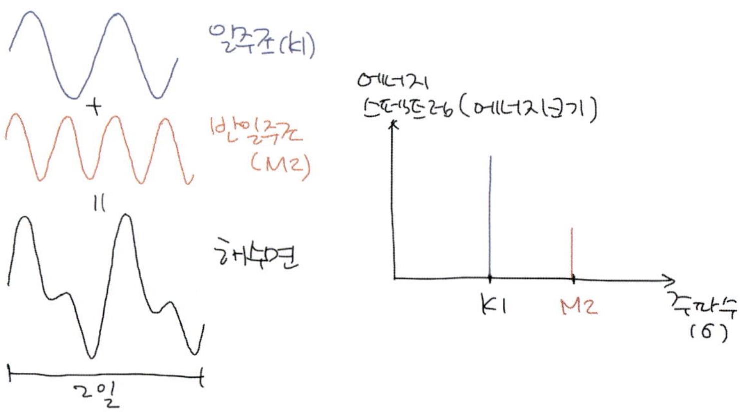

그림 4.6 하루에 한 번 주기의 일주조(K_1) 및 약 하루에 두 번 주기의 반일주조(M_2)의 조합에 의한 해수면 시계열의 예; 주어진 해수면 시계열이 주파수 영역의 스펙트럼에서 개별 주파수의 선 모양의 에너지로 나타남.

시계열을 시간이라는 공간에서 주기성으로 표현하기도 하지만, 주파수라는 공간으로 옮겨 그 특성을 나타낼 수 있습니다. 푸리에 변환은 시간과 주파수 사이의 변환 도구입니다(그림 4.6 오른쪽). 참고로 푸리에 변환은 선형변환 도구라서 시간과 주파수 사이를 자유롭게 오갈 수 있습니다. 예를 들어, 어린이집 아이들의 키의 분포를 알고자 하면, 작은 키부터 큰 키까지 조사하여 어느 구간에 몇 명이 있는지 숫자를 세어 표를 만들 수 있는데, 이것을 히스토그램이라고 합니다. 푸리에 변환도 마찬가지로 주어진 신호가 주파수 공간에서는 작은 주파수에서 큰 주파수까지 어떻게 얼마나 있는지 조사하여, 어느 주파수 구간에 신호(에너지)가 있는지 셈하여 히스토그램을 만드는 도구입니다. 신호가 특정 주파수에만 존재한다면, 해당 신호는 스펙트럼에서 주파수 구간이 아닌 특정 주파수에만 날카로운 선으로 나타납니다(그림 4.6 오른쪽).

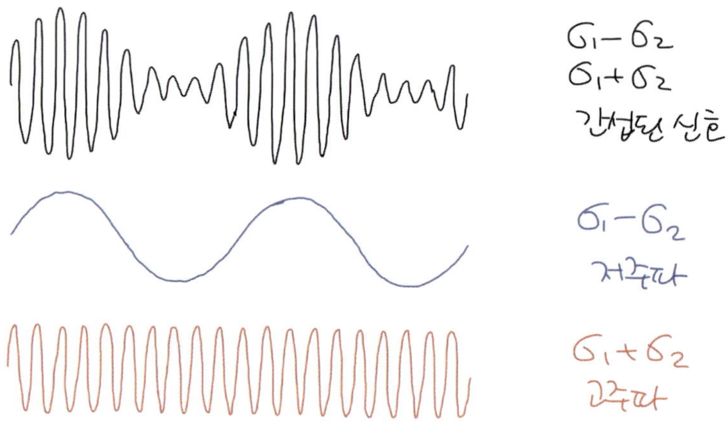

그림 4.7 두 개의 유사한 주파수(σ_1과 σ_2)의 간섭에 의해 생기는 신호(검정색)는 두 주파수의 차에 의한 저주파(파란색)와 두 주파수의 합에 의한 고주파(빨간색)의 신호의 합으로 표현할 수 있음.

두 개의 일정한 주기를 가지는 신호는 서로 간섭을 일으켜 두 주파수의 차이와 두 주파수의 합으로 간섭된 신호가 나타납니다.

예를 들어, 달에 의한 반일주조(M_2)와 태양에 의한 반일주조(S_2)의 주파수 간섭에 의해 약 28일 주기의 대조(spring)와 소조(neap)의 신호가 나타납니다 (그림 4.8).

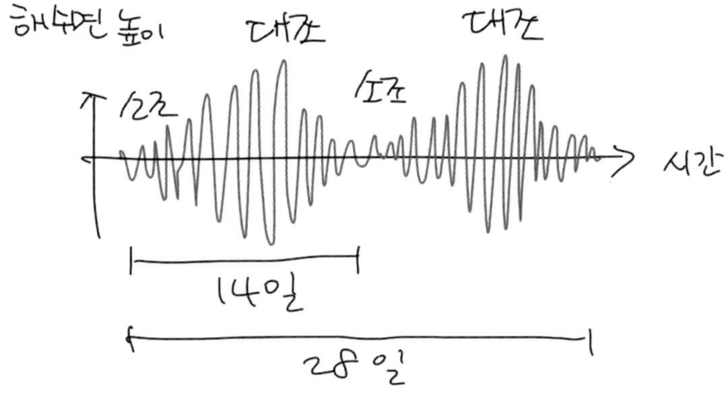

그림 4.8 달에 의한 반일주조(M_2)와 태양에 의한 반일주조(S_2)의 간섭에 의한 대조와 소조의 예

앞에서 언급되었던 순압과 경압 구조에서 조류에 의한 해수의 운동을 고려해 봅시다. 순압 운동(barotropic motions)은 등밀도선과 등압력선이 평행하여 유체의 움직임이 두 개의 평행한 선을 따라 움직여 깊이 방향으로 유동의 변화가 없는 것을 뜻합니다(그림 4.9 왼쪽). 한편, 경압 운동(baroclinic motions)은 등밀도선과 등압력선이 서로 평행하지 않고 교차하여 등밀도를 따라 유체가 이동시 등압력선을 가로질러 움직이기 때문에, 수직 방향으로 일정하지 않은 공간 구조(서로 다른 방향을 가지는 다중 모드 구조)를 가집니다(그림 4.9 오른쪽). 따라서 조류를 기술할 때 순압 조류 및 경압 조류라고 합니다.

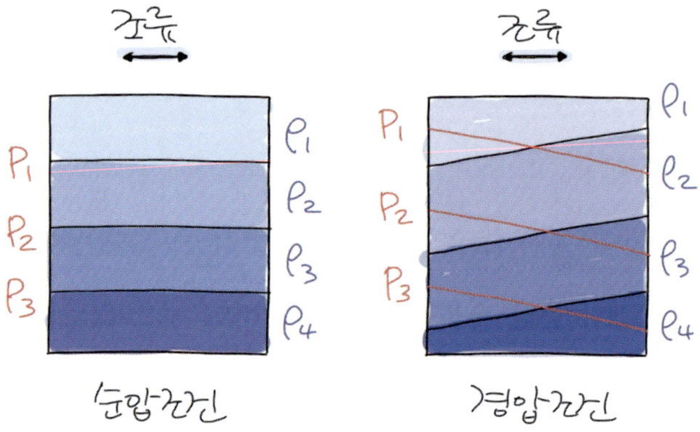

그림 4.9 순압과 경압 조건에서의 조류 운동

이러한 조석과 조류의 주기들은 지구, 달, 태양 각각의 자전 및 공전 주기의 조합으로 이미 알려져 있어, 해수면 및 조류의 시계열 예측이 가능합니다. 다만, 조석과 조류가 관측되는 위치, 지형 조건 및 바다의 수직 방향 성층 조건(순압과 경압)에 따라 다양한 변조가 가능하여, 예측의 한계가 있을 수 있습니다. 특정 지역에서 관측된 해수면 및 조류의 시계열 자료를 주파수 영역의 크기와 위상으로 분해하여, 이를 가까운 미래의 시간 공간에서 조석과 조류로 예측할 수 있습니다. 다만, 실제 해수 유동은 조석 및 조류 이외의 바람에 의한 유동과 저주파 성분의 유동이 같이 섞여 있어, 이를 정확히 예측할 수 있다고 하기는 어렵지만, 조석과 조류의 경우 상대적으로 쉽게 접근할 수 있습니다.

바다의 주기적인 운동 중의 하나인 조석은 조류를 동반하고, 이는 수평 방향에서의 속도를 가진 물리량으로서, 이들을 제곱한 물리량은 에너지로 고려될 수 있습니다(단위밀도당 운동 에너지 = $\frac{1}{2}U^2$). 즉, 지구와 달과 태양 사이의 주기적인 인력의 변화로 인해 전 지구 바다에 운동 에너지가 주입됩니다.

또한, 수직 방향에서 성층을 이룬 밀도층이 조석과 조류에 의해 일정 각도 기울어지면 중력에 의해 원래 상태로 되돌아가려고 하는데, 이때 기울어진 상태에서 '가용한 위치 에너지(available potential energy)'가 원래 상태로 복원되면서 '가용한 위치 에너지'는 '운동 에너지'로 바뀌게 됩니다. 즉, 조류 및 조석 자체로 인한 운동 에너지 이외에도, 성층화된 해저 및 연안에서 조류가 작용하여 운동 에너지로 변할 수 있는 '가용한 위치 에너지'가 생성될 수 있습니다.

이러한 에너지는 지구-달-해가 존재하는 한 계속 지속될 텐데, 이 에너지가 어딘가에 계속 쌓이는 것은 아닐까요? 그리고 조석과 조류에 의해 바다로 에너지가 주입되면 이 에너지는 어디로 이동할까요?

조석 및 조류에 의한 에너지는 바다로 주입되어 해수의 순환을 일으키고, 바닷물의 혼합(mixing)과 산란(dissipation)을 통해 에너지가 흘러가게 되어 어딘가에 축척되는 일은 극히 드뭅니다. 에너지가 흘러가는 것을 에너지 캐스케이드(cascade)라고 하는데, 이는 큰 공간 규모의 운동 에너지가 작은 공간 규모의 에너지로 변하고, 최종적으로는 점진적인 혼합과 산란을 통해 사라지는 것으로 생각할 수 있습니다. 이러한 자연에 주어진 에너지의 변환과 순환을 이해하고, 이를 생활 속에서 추출하여 실제 이용하는 기술에 대한 연구가 진행 중에 있습니다.

3 물놀이 중 갑자기 분위기 깊어지면

파랑의 예를 설명하기 위해 잔잔한 호수에 돌을 던져 파동을 만들어 봅시다(그림 4.10 위). 시간이 지남에 따라 물의 표면이 높고 낮음으로 표현되는 파동은 돌이 던져진 중심으로부터 시간이 지남에 따라 호수 전체로 퍼져 나갑니다. 파동이 시간과 공간으로 전파된다는 의미입니다.

우리가 음악을 들을 때, 우리 귀에 전달된 소리는 그 전파되는 속도가 너무 빨라 어떠한 과정을 통해 우리가 그 소리를 들을 수 있는지 때로는 인식하기 어렵습니다. 자세히 살펴보면 눈에 보이지 않는 음성의 전달 매체인 공기의 압축과 팽창을 통해 음성이 전달됩니다(그림 4.10 아래).

빛과 전자파도 호수의 파동과 귀에 전달되는 음성과 같이 시간과 공간에서 움직입니다. 파랑은 시간 영역과 공간 영역에서의 특성을 고려하여 표현할 수 있습니다.

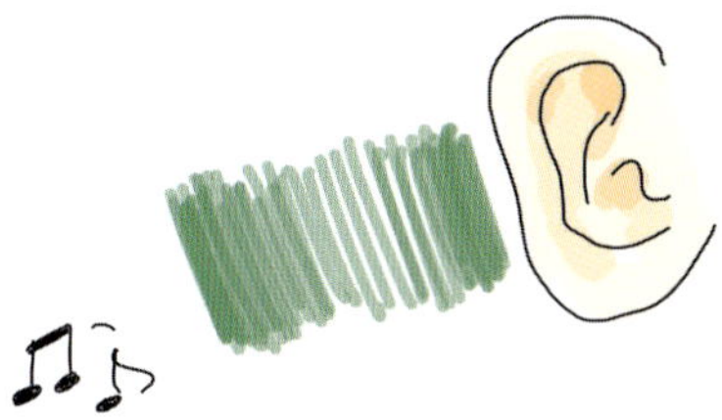

그림 4.10 시간과 공간에 전파되는 파동: 잔잔한 호수에 던져진 돌에 의한 수면파와 공기 중 매질을 통한 음파의 전달

시간 영역에서의 일정한 패턴을 주기로 정의하였던 것처럼, 공간 영역에서의 일정한 패턴을 파장이라고 정의하고, 이 두 주기와 파장의 역수를 주파수와 파수라고 합니다(그림 4.11 왼쪽). 즉, 주어진 시간 안에 반복되는 패턴이 많으면 고주파, 적으면 저주파 파동으로 간주할 수 있고, 특히 음성에서 저주파는 저음의 형태로 멀리 전달됩니다. 예를 들어, 층간소음은 걷는 동작과 바닥과의 충돌에 의해 생기는 소리로서, 저주파의 형태로 쉽게 멀리 전파됩니다. 파랑의 파장은 긴 경우와 짧은 경우로 나눌 수 있는데, 햇빛은 파장 또한 길이에 따라 빨간색의 장파와 보라색의 단파로 나눌 수 있고, 연속적인 빨주노초파남보의 색에 따라 파장이 표현됩니다 (그림 4.11 오른쪽).

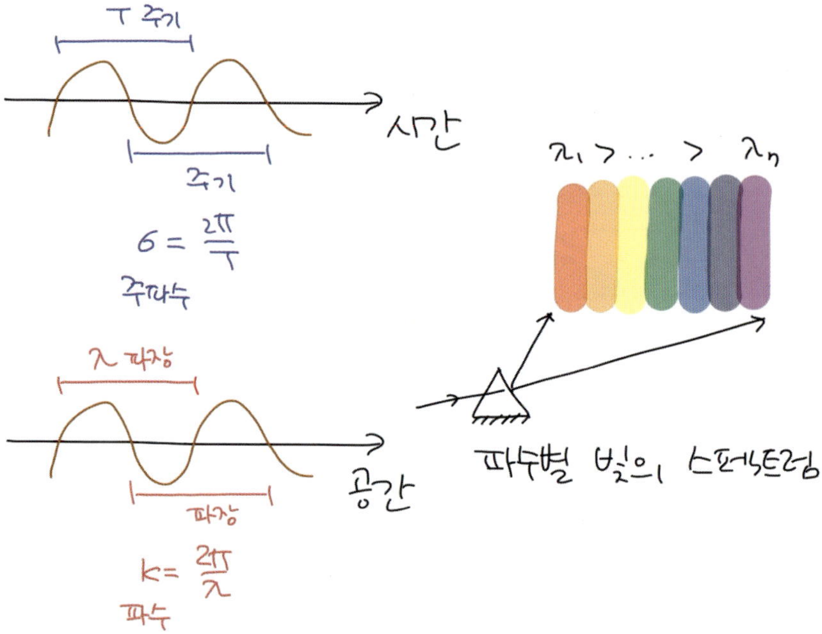

그림 4.11 파랑의 특성인 시간에서의 주기 및 주파수, 공간에서의 파장과 파수에 대한 정의. 빛의 파장별 색의 스펙트럼

호수와 바다에서 볼 수 있는 수면파는 어떻게 생길까요? 물과 공기가 접해 있는 평형 상태의 평평한 면에 일어나는 파동은 주로 바람과 외력에 의해 생깁니다. 수면이 평형 상태보다 위로 올라가기도 하고, 아래로 내려가기도 합니다. 이러한 교란된 조건은 중력에 의해 기존의 평형 위치로 복원되고, 이런 복원 과정으로 에너지가 물이라는 매질을 통해 시간과 공간으로 전파됩니다(그림 4.12).

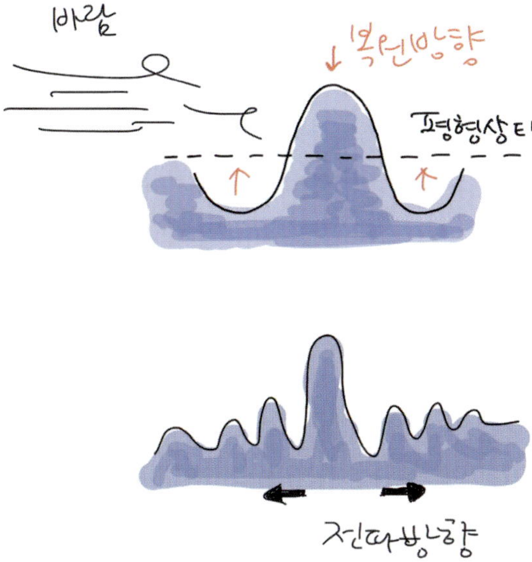

그림 4.12 해수면의 평형 상태와 바람에 의한 교란의 복원 및 파동을 통한 에너지의 전파 방향

앞에서 언급된 바와 같이, 수면파는 바람에 의해 해수면에 생긴 교란으로 시간과 공간에 퍼져 나가는데, 이때 시간과 공간의 고유특성인 주파수와 파수 사이에 특정한 관계를 유지하며 전파됩니다(그림 4.13 위). 수면파는 시간과 공간을 이동하면서 분산되는 특징을 가지기 때문에, 주파수와 파수 사이의 관계식, 분산 관계식으로 파랑의 특징을 설명할 수 있습니다. 예를 들어, 주파수가 크면 파수가 크고, 주파수가 작으면 파수가 작아지는 관계를 가지고 있고, 이 관계식을 통하여 주파수를 알면 파수를 계산할 수 있고, 파수를 알면 주파수 계산이 가능합니다. 이는 자연계에 존재하는 수면파의 특징을 보여 줍니다.

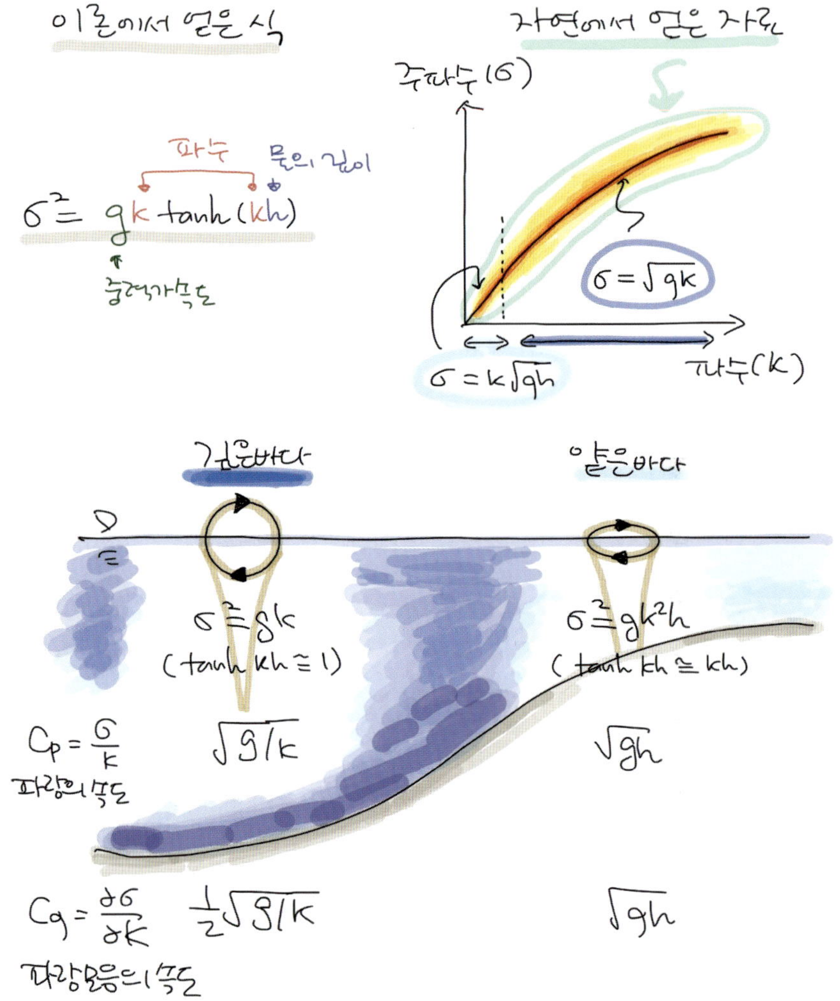

그림 4.13 분산 관계식 및 바다의 깊이에 따른 파랑의 속도; 파동의 전달 중 항적 및 깊이 방향 감소를 보여 주는 예

임의의 공간에서 특정 시간 동안 파랑을 자연으로부터 관측하여 이들의 주파수와 파수 특성을 추출해 내면 위의 분산 관계식과 정확히 일치하는 것을

알 수 있습니다(그림 4.13 위).

위의 특성을 추출하는 방법으로 앞서 조석에서 일부 언급된 푸리에 변환을 이용하는데, 구체적인 내용은 이 책의 범위를 넘기 때문에 다루지 않기로 합니다. 관심있는 분들은 직접 참고서적을 통해 공부해 보면 쉽게 알 수 있습니다.

바닷가에 가 보면 연안으로 파도가 주기적으로 밀려오고 부서져 흰 거품을 일으키는 것을 볼 수 있습니다. 파도가 얼마나 자주 밀려오는가요? 5초? 20초? 연안에 도달하는 대부분의 파랑은 10초에서 15초 주기를 가지는 것이 일반적입니다. 바닷가에서 물놀이를 할 때, 파랑의 주요한 주기를 참고하면, 파도가 몸에 맞고 부서지는 것을 피할 수 있습니다. 물놀이 중 파도에 장시간 노출되면 쉽게 피곤해지기 때문에, 이 수면파의 주기에 맞추어 물 밑으로 내려가 파도를 피하면, 장시간 물놀이가 가능합니다. 특히, 해수면 파랑의 크기는 깊이 방향으로 지수함수에 비례하여 감소하기 때문에 물 밑에서는 물 위와 달리 파도의 영향이 줄어들어 고요함을 느낄 수 있습니다(그림 4.13 중간).

파도는 바닷가에서 어떻게 부서져 깨지나요?

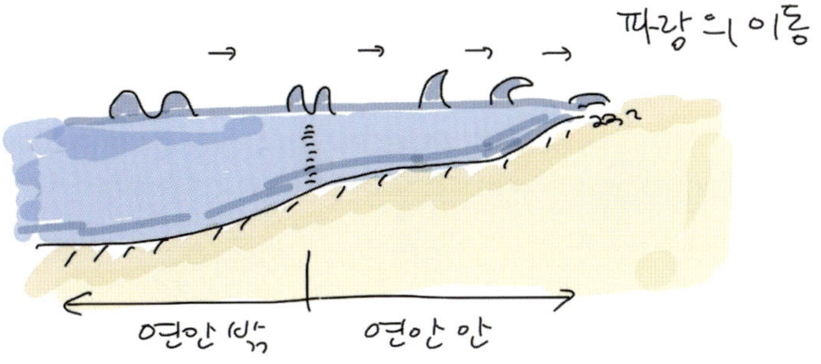

그림 4.14 파랑이 연안에서 깨지는 과정

깊은 바다에서 시작된 파랑이 얕은 바다 및 연안에서 이동한다고 가정해 봅시다. 분산관계식으로부터 알 수 있듯이 파랑의 이동 속도는 물 깊이의 제곱근에 비례합니다(그림 4.13 위). 즉, 깊이가 얕을 수록 파랑이 전파되는 속도가 느립니다. 깊이가 점차 감소하는 연안으로 파랑이 이동할 때 파동의 모양이 삼각함수 모양의 파동이 아닌 진행 방향으로 기울어진 파랑(shoaling wave) 형태를 가지게 됩니다. 파랑의 이동시 운동 에너지와 위치 에너지의 합인 전체 에너지는 보존됩니다. 연안 밖에서 연안 안으로 파랑이 이동하면서 속도가 느려지기 때문에, 운동 에너지의 일부가 위치 에너지로 변환되고 이로 인해 파동의 크기가 커지고 진행 방향으로 쏠린 파랑의 형태를 가지게 됩니다(그림 4.14). 즉, 파수가 증가하고 이렇게 기울기가 커진 파랑은 속도가 0인 해저면을 느끼면서 점점 앞으로 기울어져 바닷가에 다다르면서 하얗게 부서집니다. 다만, 부서질 때 파랑이 보유하고 있던 전체 에너지(운동 에너지와 위치 에너지의 합)가 연안 모래사장을 침식시키는 마찰 에너지, 바닷물을 섞는 혼합, 거품의 형태로 소산되는 과정을 거쳐 에너지의 변환이 일어나게 됩니다.

위에서 언급된 대로 파동이 전파될 때는 실제 물이 움직이는 것이 아니라 에너지가 물을 따라 전파되고, 전파되는 항적은 깊은 바다에서는 해저면의 영향이 없어 거의 원형을 가지고, 얕은 바다에서는 해저면의 영향으로 항적의 위아래가 비대칭이 되고 결국 타원형을 그립니다. 또한, 이러한 항적은 표층에서 상대적으로 크고 깊이 방향으로 급격히 감소합니다(그림 4.13 아래).

파동이 다른 종류의 매질을 가로질러 전파될 때, 속도와 전파되는 각도

(매질의 경계의 수직한 방향에서 잰 각도)에 변화가 생깁니다. 밀도가 상대적으로 낮은 곳에서 높은 곳으로 파랑이 전파될 때, 속도는 느려지고 전파되는 각도는 줄어듭니다(스넬의 법칙, 그림 4.15). 즉 연안으로 전파되는 수면파는 낮아진 깊이로 인해 속도가 느려지고, 이로 인해 전파되는 각도가 파동의 전파 방향에 수직한 방향으로 점점 굽어지게 됩니다.

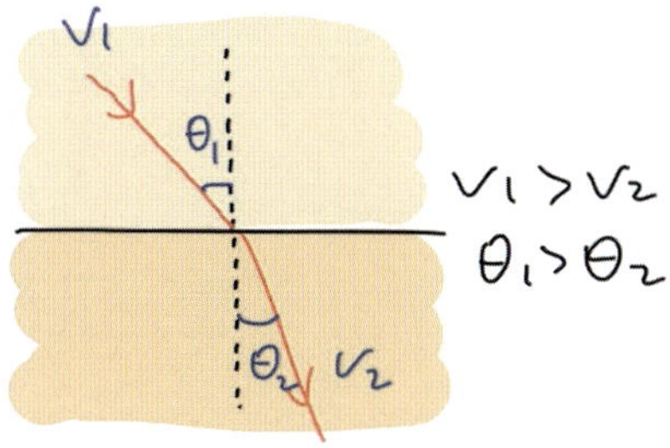

그림 4.15 서로 다른 매질을 통과하는 파동이 속도가 느려짐에 따라 수직 방향쪽으로 굽어지는 현상을 보여 줌(스넬의 법칙).

요약하면, 파도가 연안으로 전파되면서 깊은 바다에서는 빠른 속도의 파랑이 느린 속도의 얕은 바다로 움직이면서, 두 지역 사이의 운동 에너지의 차이가 위치 에너지로 변환되어 파랑의 크기가 증가하고, 전파되는 각도는 얕은 깊이로 휘어집니다. 전파 과정 중에 속도가 0인 해저면을 느끼고, 바닥과의 마찰로 인해 파랑의 아래쪽은 위쪽보다 상대적으로 느려져 진행하는 방향으로 물이 점점 고꾸라지고, 결국 연안에서는 앞으로 쏟아지며 부서집니다(그림 4.16).

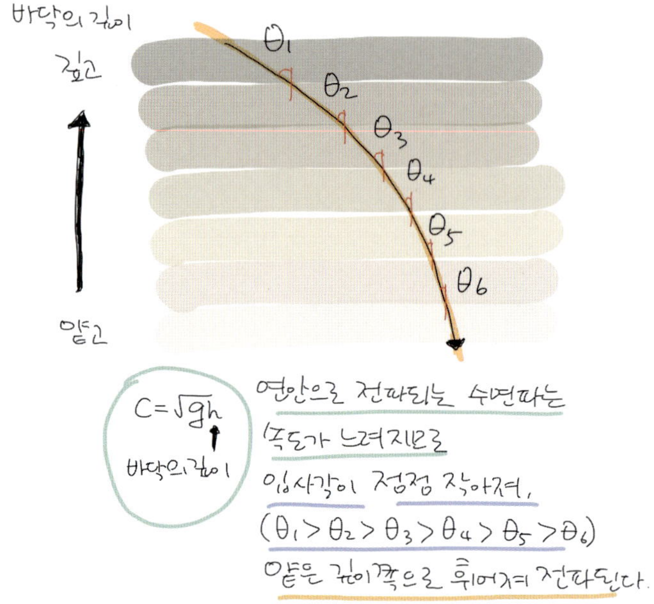

그림 4.16 파랑이 연안으로 접근시 얕은 깊이에서 파랑의 이동 속도가 줄어들고 이에 따라 수직 방향에서의 각도가 점점 줄어 휘어져 전파됨.

부산 해운대와 같이 오목한 해변의 파도가 연안에서 어떻게 부서지는지 살펴봅시다. 먼 바다에서 생성된 평행한 파랑이 연안으로 접근하는 경우, 깊이가 상대적으로 얕은 곳에서는 속도가 느려지고 이에 따라 파랑이 점점 전파되는 방향으로 굽게 됩니다. 오목한 해안선을 가진 바닷가에서 파랑이 어떻게 전파되는지 살펴보면, 중앙에서는 직선으로 이동하고, 가장자리에서는 바깥쪽으로 휘는 형태로 전파됩니다. 달리 말하면, 수면파가 바닷가로 접근하는 경우 등고선(등깊이선)에 수직 방향으로 수면파가 이동합니다(그림 4.17).

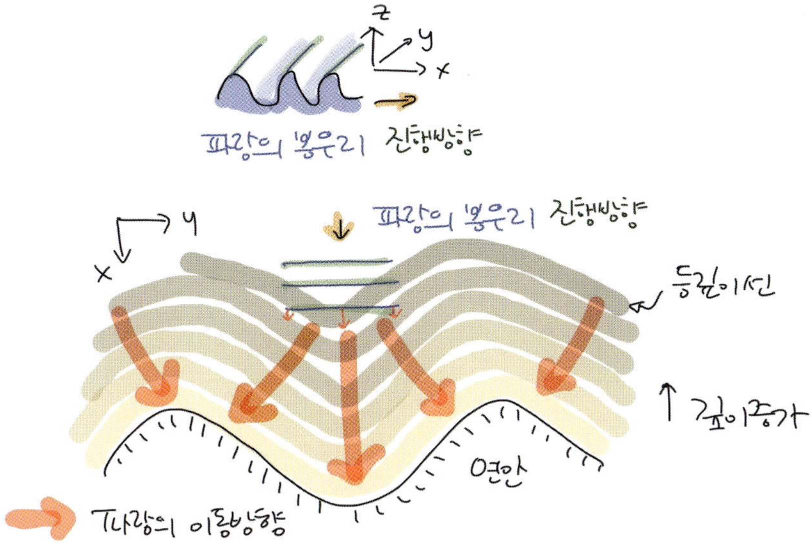

그림 4.17 평행한 파랑이 바다 깊이가 해안선과 평행한 연안지형으로 전파되는 경우 파랑의 이동 방향 예시

결국 파랑은 서로 같은 위치에서 출발하지만 연안에서의 해저 지형 및 깊이의 분포에 따라 다른 곳으로 전파되어 연안에 도달하고 깨지면서 파동 에너지가 연안으로 전달됩니다. 이때 오목한 지형에는 파동 에너지가 넓게 분산되고 볼록한 지형에는 파동 에너지가 집중됩니다(그림 4.17). 결국 에너지가 해안선을 따라 균일하지 않게 분포하여, 에너지가 높은 볼록한 지형에서 낮은 오목한 지형으로 이동하고, 이러한 에너지 차이가 연안을 따라 흐르는 해수 유동을 만들어 냅니다(그림 4.18). 다만, 오목한 지형으로 흘러든 에너지는 이를 더 이상 쌓아놓을 수 없을 시점이 되면 간헐적 또는 주기적으로 연안 바깥쪽으로 강한 제트기류 형태로 유동을 만들어 에너지를 전달하여 에너지의

평형을 이룹니다. 이러한 연안 바깥 방향으로의 강한 흐름을 이안류라고 합니다(그림 4.18).

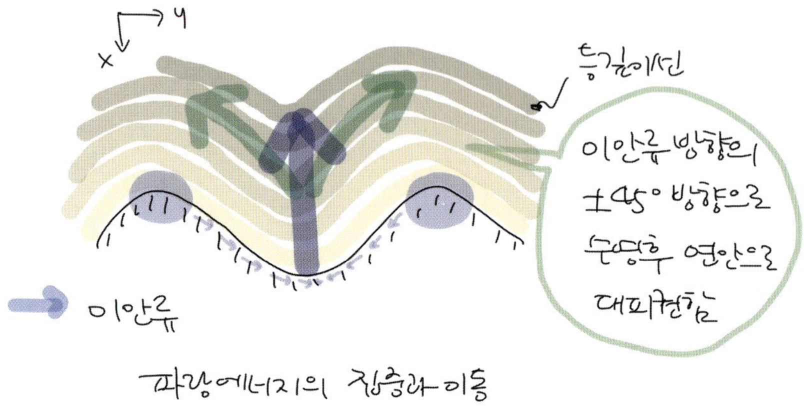

그림 4.18 이안류 생성 영역. 이안류 발생시 45° 방향으로 수영을 권함.

연안에서 물놀이를 하는 경우 이안류에 휩쓸려 발이 닿지 않는 깊이로 순식간에 이동하여, 안전 및 인명사고가 나는 경우가 종종 있습니다. 이를 대비하기 위해 바닷가 물놀이를 갈 때 현지에서 연안 지형 중 오목한 곳을 선별하고, 연안에서 바다쪽으로 강한 흐름이 생기는지 여부를 파악해야 합니다. 혹시 모르게 무방비 상태에서 물놀이 중 이러한 흐름에 휩쓸리지 않도록 대비하는 것이 필요합니다. 부득이하게 이안류에 휩쓸린 경우 당황하지 말고 진행 방향의 45° 방향으로 수영하여 연안으로 되돌아오는 것을 권합니다(그림 4.18). 수영 실력을 믿고 이안류를 거슬러 되돌아오려고 하다가 인명 사고가 발생하는 경우가 있습니다.

이안류의 특징은 연안에서 생성되는 한 방향으로의 강한 흐름으로, 이를 긍정적인 방향에서 응용한다면 작은 공간에서 수영할 수 있도록 도와주는 실내 미니 수영장을 만들 수 있습니다. 펌프를 이용하여 같은 속도의 물을 한 방향으로 보내 주도록 설계하고, 이를 거스르며 수영하도록 하는 장치로 작은 공간에서 수영할 수 있는 수영장과 흡사합니다. 실내 운동시설에서 쉽게 볼 수 있는 트레드밀(러닝머신)이 물속에 있는 것으로 이해하면 쉽습니다(그림 4.19).

정리하면 이안류는 바닷가에서 일어나는 현상 중 안전과 관련된 해수 유동으로, 바닷가에 접근하는 파랑이 부서지는 과정에서 파랑 에너지가 해안가의 형상과 위치에 따라 균일하지 않게 분포하여 이를 균일하게 하고자 연안에 인접한 지역에 연안에 평향한 해류가 발생합니다. 이 해류와 함께 파랑 에너지는 연안을 따라 이동하고, 오목한 지형에 누적된 에너지는 간헐적 또는 주기적으로 연안 밖으로 강한 해류에 의해 전달됩니다. 이러한 이안류에 대한 이해를 바탕으로 휴가시 안전사고에 대비할 수 있기를 바랍니다.

그림 4.19 트레드밀(러닝머신)과 간이 실내 수영장

4

큰 파도: 쓰나미

깊은 바닷속 해저지진에 의해 생겨난 아주 작은 움직임이 표층으로 전파되면, 파장이 긴 수면파가 생겨납니다. 깊은 바다에서 파동의 속도는 파수의 역수에 비례하기 때문에(그림 4.13), 파동의 전파 속도는 무한대에 가까운 속도를 가집니다. 이러한 파동은 모든 방향으로 전파되나 그 중 연안으로 전파되어 깊이가 얕은 곳에 다다르게 되면, 분산관계식에 의해 파동의 속도가 줄어야 합니다. 줄어든 속도로 인해 초기 운동 에너지와 얕은 깊이에서의 운동에너지의 차이가 파동의 크기를 크게 하는 위치 에너지로 변환되어, 연안으로 전파된 파동은 사람의 키 높이보다 큰, 10층 건물과 같은 높이의 파동으로 변하여 연안을 덮치게 됩니다. 이를 쓰나미라고 합니다(그림 4.20).

파랑의 전파 속도를 살펴보면, 해저지진 지역에서는 매시간 약 1000 km를 이동하고, 대륙사면에서는 매시간 200 km를, 연안에서는 매시간 36 km를 이동합니다. 매시간 36 km의 속도는 100 m를 10초에 달리는 속도입니다. 즉, 연안에 도착한 쓰나미는 올림픽 단거리 선수가 달리는 속도로 이동하기 때문에, 쓰나미에 대한 경보가 울리면 바로 가장 높은 곳으로 신속히 이동하는 것이 적절합니다. 쓰나미에 의해 연안에 도착한 물의 이동 속도보다 빨리 이동하기는 어렵기 때문입니다(그림 4.20).

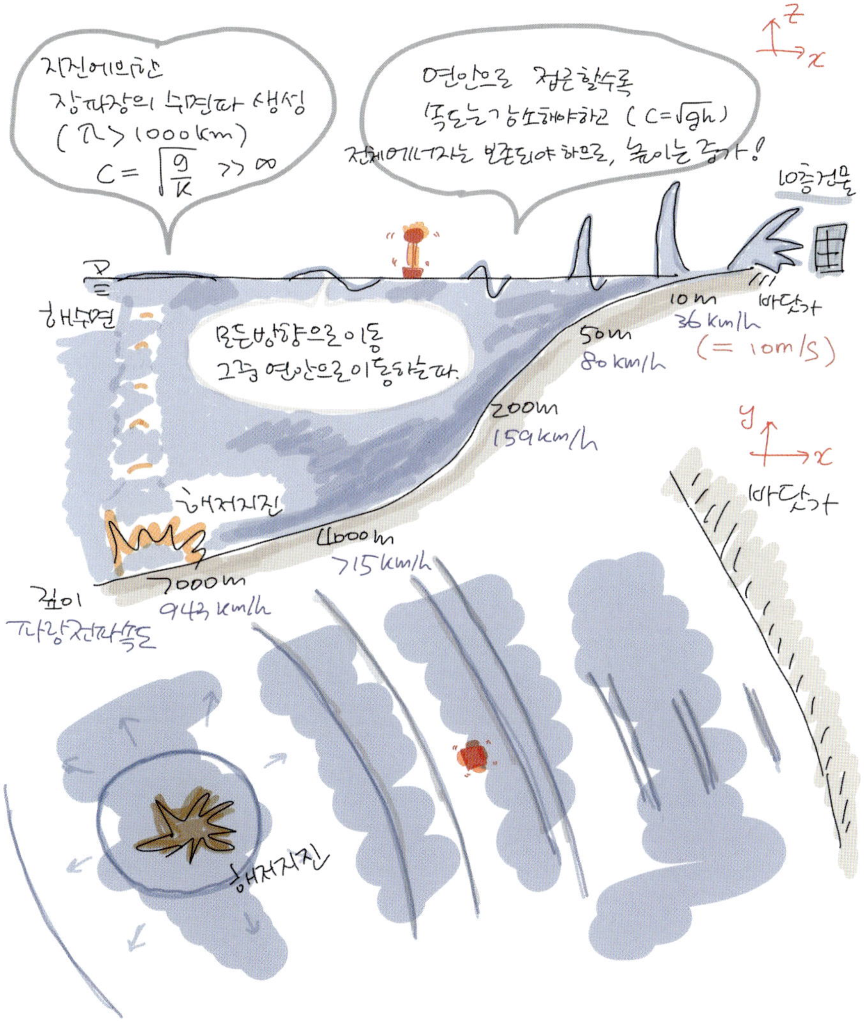

그림 4.20 쓰나미의 생성과 전파, 전파 속도 및 연안에서의 피해 가능 여부

5 기울어진 해수면과 해류

바닷가에 가 보면 하늘과 맞닿은 수평선을 볼 수 있습니다. 우리 눈에는 이 수평선이 평평한 것처럼 보이지만, 실제로는 어느 정도 기울어져 있습니다(그림 4.21). 우리 눈으로 직접 볼 수는 없지만, 인공위성을 이용하여 해수면의 높이를 관측하면 100 km보다 큰 공간 규모(spatial scale)로 해수면이 기울어져 있는 것을 확인할 수 있습니다(그림 4.22)

그림 4.21 해수면은 평평해 보이나 실제로는 기울어져 있음.

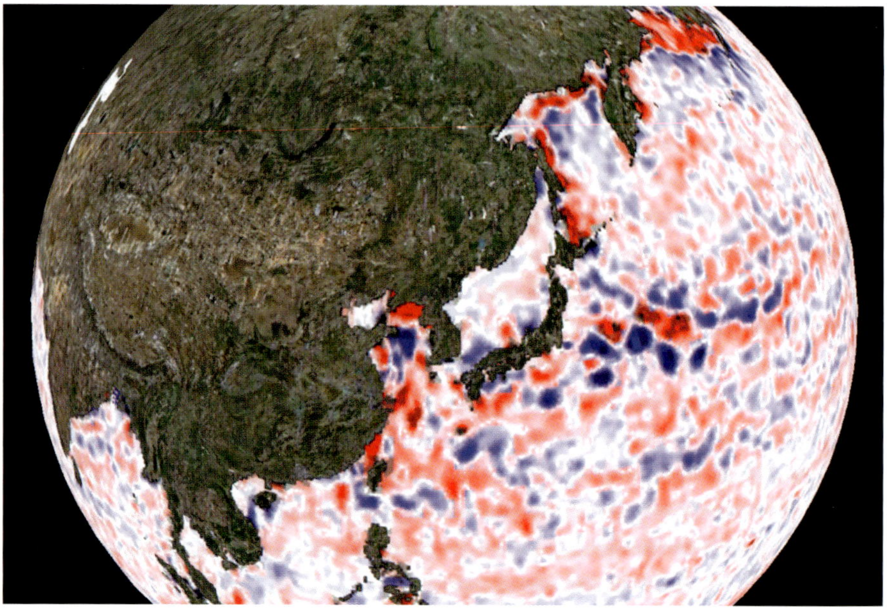

그림 4.22 한반도 주위의 위성으로 관측된 해수면 높이. 기준 높이보다 높고 낮은 곳은 빨간색과 파란색으로 각각 표시함.

한반도 주위의 위성 고도계를 이용하여 관측된 표층 해수면은 작은 봉우리(crest)와 골짜기(trough) 모양으로 표현됩니다(그림 4.23).

기울어진 해수면으로 인해 물은 높이가 높은 곳에서 낮은 곳으로 이동하고자 하며(압력경도력, pressure gradient force), 이러한 유동이 지구 회전에 의한 코리올리스 힘(전향력)의 영향을 받으며 북반구에서 두 힘 사이의 균형이 점진적으로 이루어집니다(그림 4.23). 압력경도력을 따라 유동이 생기고, 이 유동의 오른쪽으로 전향력이 작용하고 이로 인해 방향이 수정된 유동이 생기고, 이에 대한 전향력이 작용하여 결국에는 압력경도력과 전향력이 균형을 이루는 유동, 즉 지형류는 이 두 힘의 수직한 방향으로 생기게 됩니다(그림 4.23). 따라서 북반구에서는 해수면 압력경도력 방향의 오른쪽, 남반구에서는 왼쪽으로 물이 움직이게 됩니다. 이러한 원리를 고려하여 지형류를 1차원적으로 살펴보면 북반구에서 왼쪽과 오른쪽으로 기울어진 해수면에 대해 지형류가 면의 안쪽과 바깥쪽으로 이동하는 것을 연상할 수 있습니다(그림 4.24).

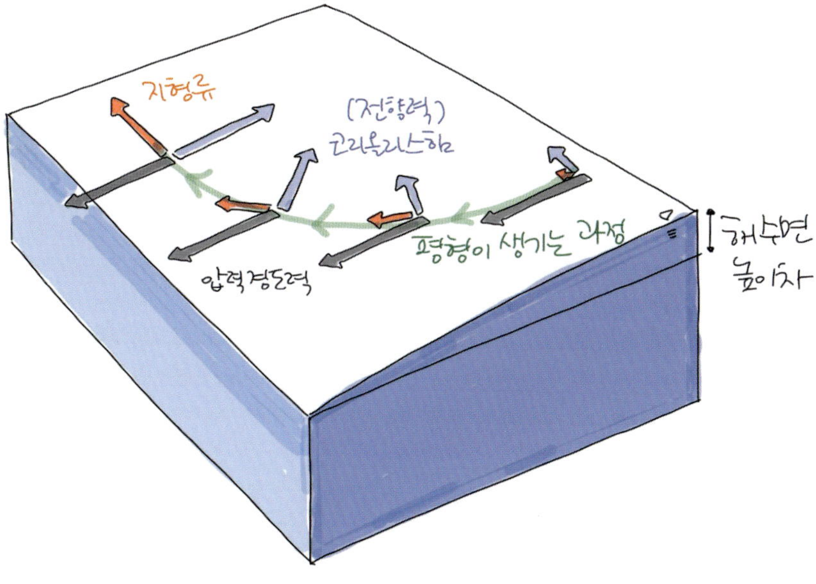

그림 4.23 압력경도력에 의한 유동에 코리올리스 힘(전향력, 북반구 기준)이 오른쪽으로 작용하여 점차 균형을 이루어 실제 유동(지형류)은 두 힘에 수직한 방향으로 생기는 과정

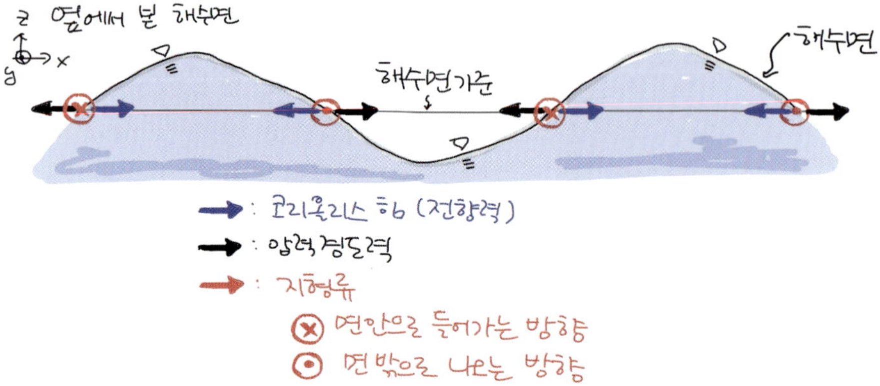

그림 4.24 해수면의 기울어짐에 의한 수압 경도력과 지구 자전에 의한 전향력의 균형과 지형류

물의 높이가 높고 낮음에 의해 생기는 지형류는 1차원에서 살펴보면 쉽게 이해됩니다(그림 4.24). 다만, 실제로는 3차원 형태의 해수면의 높고 낮음에 의해 생기는 지형류를 원형으로 회전하는 와동류의 형태로 이해하는 것이 적절합니다(그림 4.25)

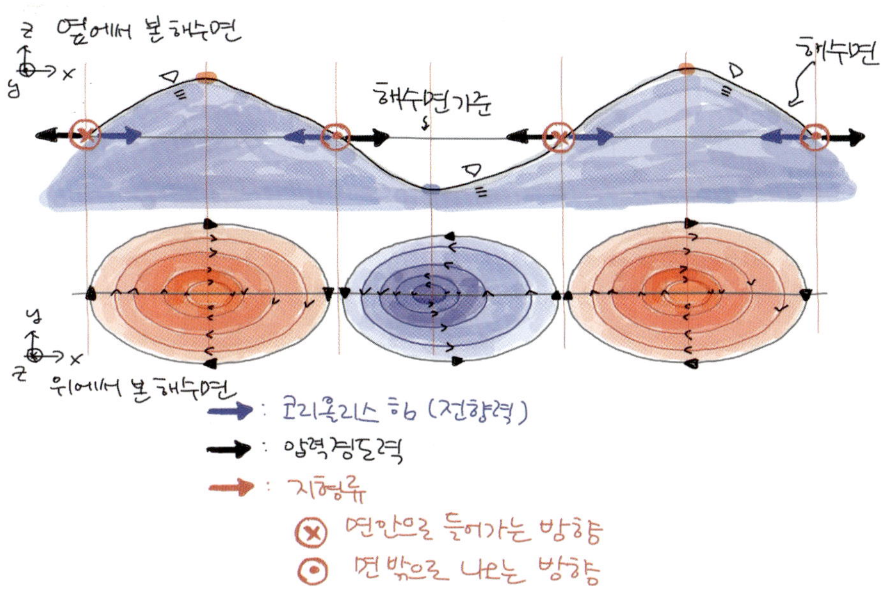

그림 4.25 해수면의 기울어짐에 의한 지형류의 예와 시계 방향 및 반시계 방향의 중규모 와동류의 한 단면

이러한 유동은 전 세계 바다에서 관측되며, 육지와 해저 지형의 경계 조건에 영향을 받아, 쿠로시오, 미동부의 걸프 스트림, 브라질 연안, 아굴하스 해류에서도 다양한 규모의 와동류와 이들이 경계류에서 떨어져 나오는 등 여러 형태의 모양으로 존재합니다(그림 4.26).

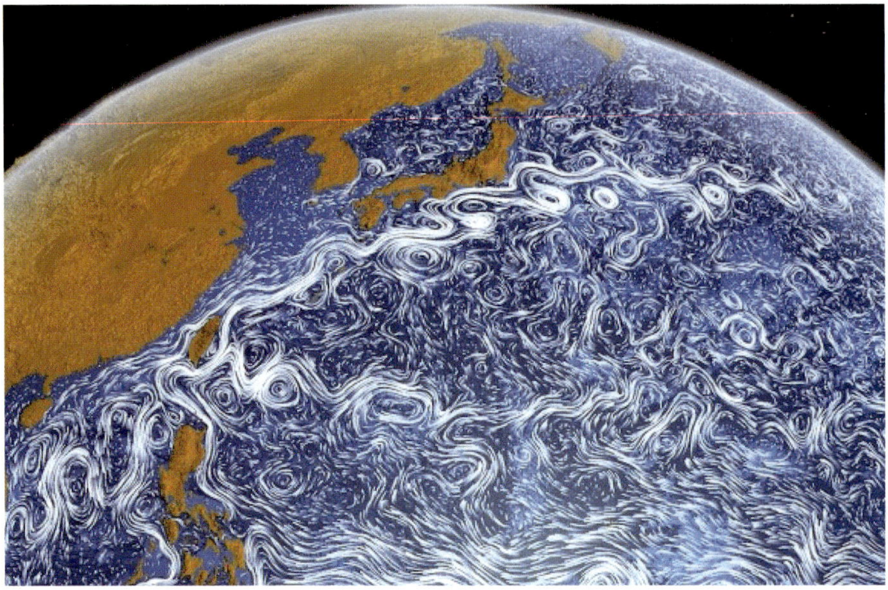

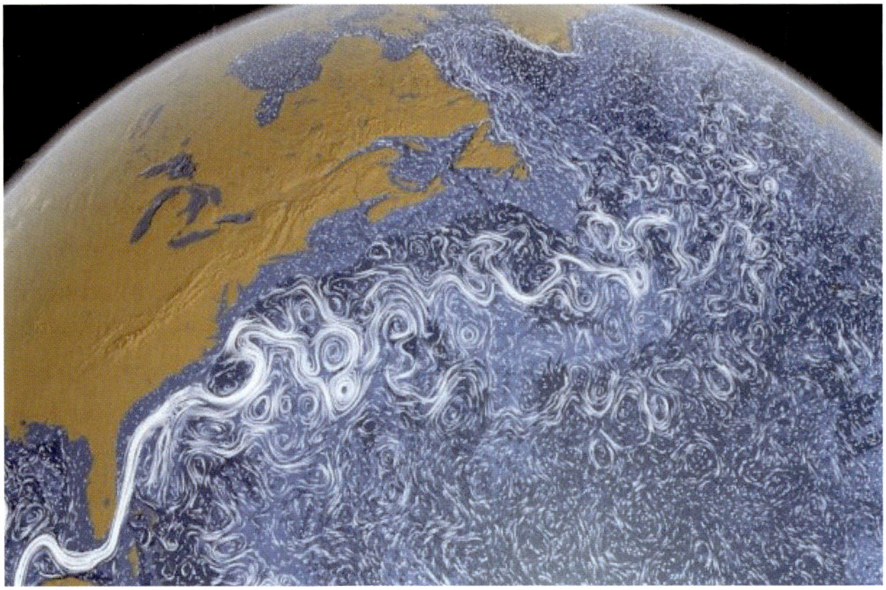

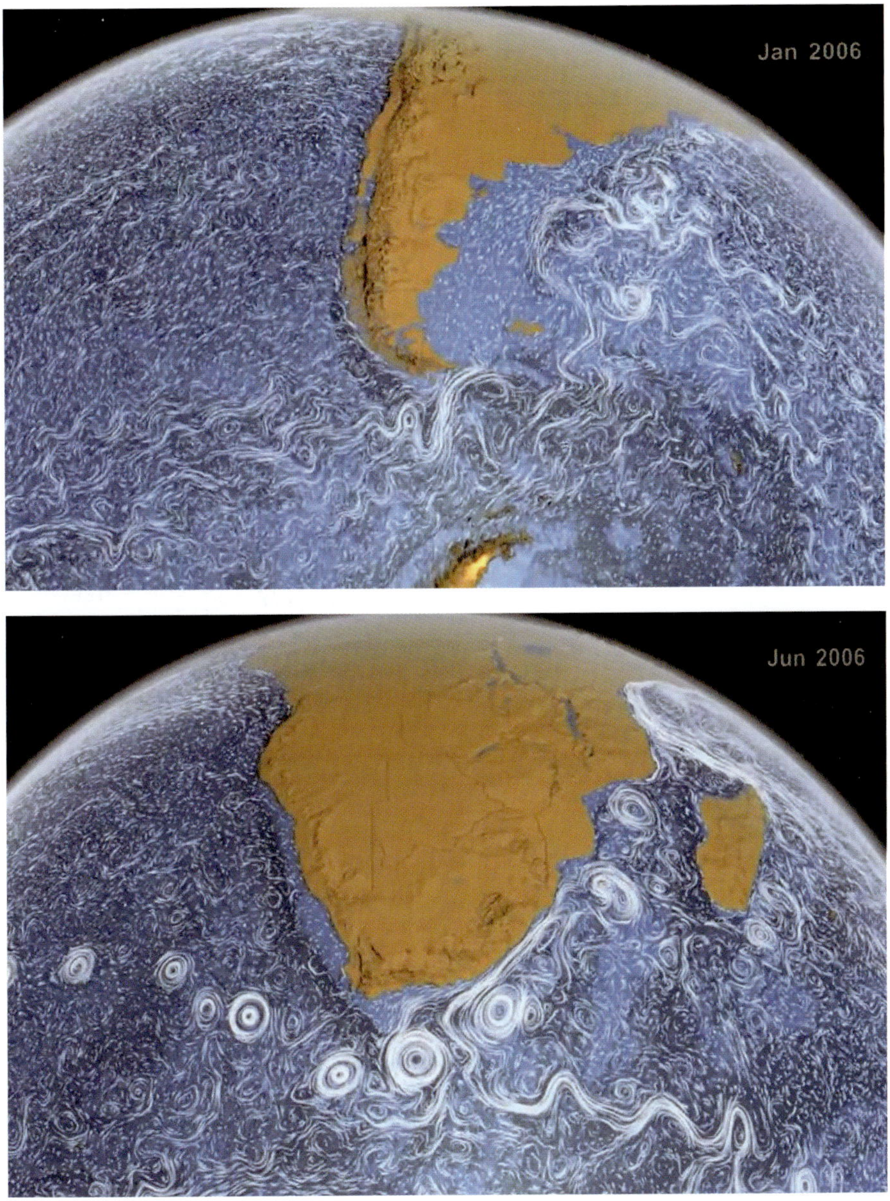

그림 4.26 지형류와 중규모의 예: 쿠로시오 해류, 걸프 스트림, 브라질리안 및 아굴하스 해류

6 바람이 불면 물은 어디로 갈까?

1000배 정도의 밀도차를 가지는 바람과 물, 두 유체 사이의 마찰에 의해 바람의 운동량이 물로 전달되어 물의 유동이 생깁니다. 장시간 동안의 일정한 한 방향의 바람에 의해 해수면으로부터 깊이 방향으로 나선 모양의 해수 유동이 생기는데 이를 에크만 나선(Ekman spiral)이라고 합니다. 전향력에 의해 북반구의 경우 해수유동은 표층에서 바람 방향의 오른쪽으로 45°를 향하고, 깊이 방향으로 회전하는 각도는 점점 증가하여 유동의 크기는 지수함수의 형태로 감소합니다(그림 4.27). 특히, 바람 방향의 225°로 향하는(표층 유동과 180°) 깊이를 에크만 깊이라고 합니다.

바람에 의해 생긴 나선 모양의 해류를 수직 방향으로 적분하면, 바람의 방향의 오른쪽 90°로 이동하는 유동으로 표현되고, 이를 에크만 수송이라고 합니다(그림 4.27). 북반구와 달리 남반구에서는 바람에 의한 해수 유동이 바람의 방향에 왼쪽으로 생깁니다. 표층에서의 바람에 의한 해수 유동은 바람의

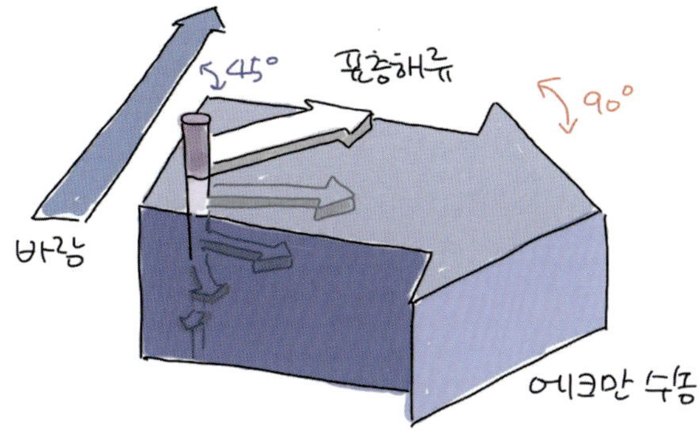

그림 4.27 북반구에서 에크만 나선은 표층에서 바람 방향의 오른쪽 45°를 향하고 깊이 방향으로는 바람에 의한 해류의 속도가 줄어들며 시계 방향으로 회전함. 바람에 의한 해수의 속도를 표층에서 에크만 깊이까지 적분하면 에크만 수송값을 산정할 수 있음.

속도의 약 3%의 크기로 알려져 있으며, 기름유출 및 오염물 추적 등 긴급 해양 사고 현장에서 사용하는 경험식입니다.

먼바다와 연안에서 바람이 일정하게 불 때, 표층해수는 어느 방향으로 이동하는지 살펴봅시다. 먼바다에서는 에크만 나선을 통해 알 수 있듯이 표층해수는 바람의 방향의 오른쪽(북반구) 또는 왼쪽(남반구)의 45° 방향으로 나타나고, 이는 바람이 부는 방향과 관계없이 생기는 현상입니다. 이를 표층해수 유동의 등방성이라고 합니다. 즉, 먼바다에서는 일정하게 부는 바람의 방향에 의해 표층해수 유동의 방향이 결정됩니다. 다만, 연안에서는 바람과 물의 마찰에 의해 이동하는 표층해수 유동이 연안의 경계를 넘어갈 수 없기 때문에, 유동의 방향이 먼바다와는 다를 수 있습니다. 즉, 바람이 연안에 평행하면 표층해수는 45°보다 작게(그림 4.28 가운데), 바람이 연안에 수직하게 연안으로 부는 경우는 45° 보다 크게(그림 4.28 오른쪽), 바람이 연안에 수직하게 먼바다로 부는 경우에는 연안경계조건에 대한 영향을 무시할 수 있어 표층해수는 바람의 방향에 45°의 각을 유지합니다.

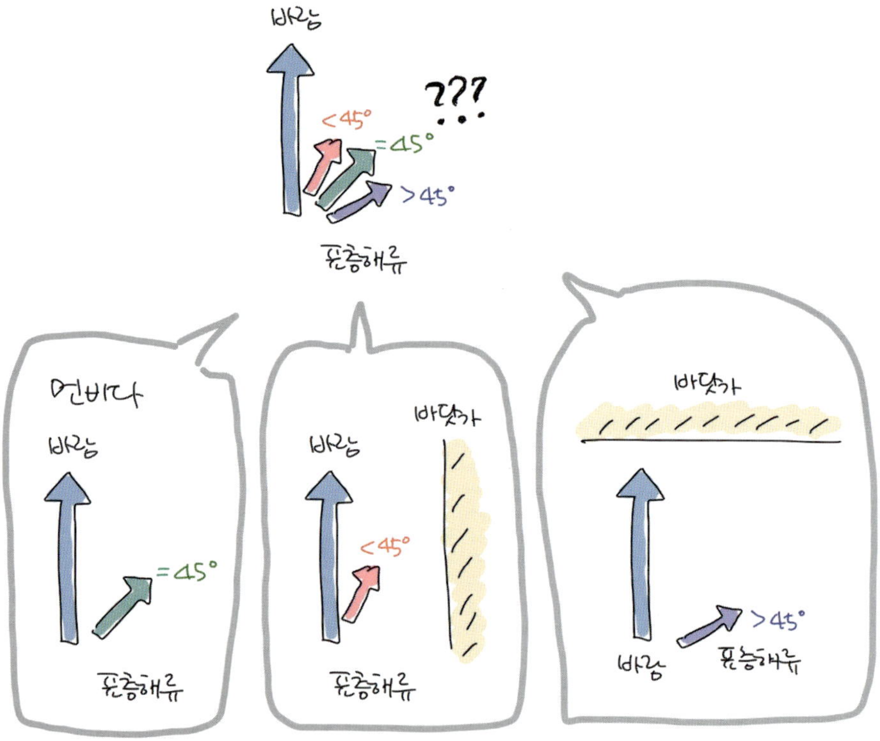

그림 4.28 먼바다와 연안에서의 바람의 방향에 따른 표층해수유동 변화

북태평양의 아열대 지역에는 두 종류의 바람에 영향을 받습니다. 북위 30°와 60° 사이의 편서풍과 적도(0°)와 북위 30°사이에의 무역풍에 의해 에크만 수송이 일어나 북위 30° 지역에 물의 높이가 상대적으로 높아지게 됩니

다. 이러한 에크만 수송에 의해 생긴 높아진 물 높이로 인한 지형류가 북태평양 아열대 순환(Subtropical Gyre)을 형성합니다(그림 4.29).

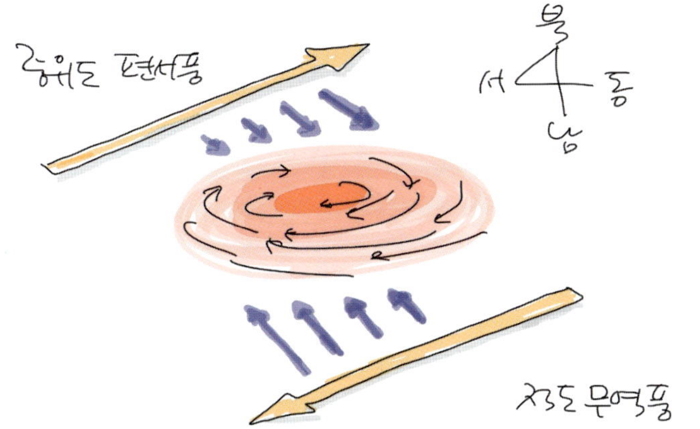

그림 4.29 북태평양 중위도 편서풍과 적도 무역풍에 의해 생기는 아열대 순환

7 바다의 고유 주파수: 관성 주기 유동과 공진

지금까지는 지속적인 바람에 대한 유동에 대해 살펴보았습니다. 이제 갑작스런 바람이나 이동하는 바람에 대한 바다의 반응인 관성 주기의 유동에 대해 살펴봅시다. 바다에서 일어나는 잘 알려진 운동 중 하나인 관성 주기 운동은 지구의 자전에 의해 각 위도별 고유의 회전 주파수가 존재하고, 이로 인해 지구 위 유체인 바다가 고유의 회전 특성을 가지는 운동을 말합니다(그림 4.30).

이동하는 바람에 의해 정지 상태의 바다 위로 운동량이 전달되는 경우, 이러한 바람은 특정 주파수의 바람이 아닌 광범위한 주파수의 바람으로 간주되고 해당 지역에서의 고유 주파수에 상응하는 관성 주기 운동이 나타납니다. 바다 위의 뜰개 또는 물 위에 띄워 유동을 따라 자유롭게 움직일 수 있는 물체의 경로를 통해 관성 주기 운동을 관측할 수 있습니다. 고유한 회전수를 가지고 회전하다가 시간이 지날수록 점점 그 회전하는 폭이 줄어들어 감소하는 형태를 보입니다(그림 4.30).

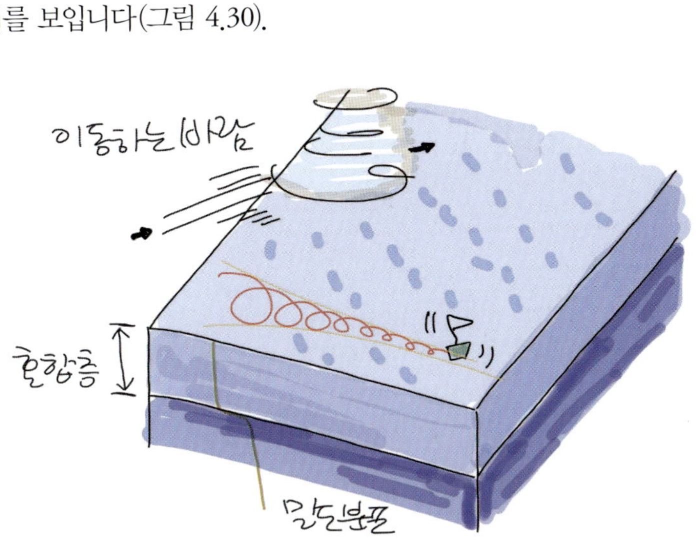

그림 4.30 이동하는 바람에 의해 생성된 표층에서의 관성 주기 운동의 예

관성 주기의 운동을 두 가지 관점에서 살펴보고자 합니다. 회전하는 판에서 직선 왕복 운동을 하는 공에 대하여 관찰자가 회전판 밖에서 공을 기술하는 것과 관찰자가 회전판 안에서 기술하는 것을 비교해 봅시다(그림 4.31). 관찰자가 회전판 밖에 위치한 경우 판이 회전하기 때문에 고정점은 회전하나 움직이는 공은 직선의 왕복 운동으로 관찰됩니다(그림 4.31 위). 한편, 회전판 내에서 운동을 기술할 때, 공은 원형의 항적을 이루며 움직이고, 회전판 내 고정점은 그 자리에 있습니다. 왜냐하면 관찰자가 회전판 내에서 같이 회전하고 있기 때문입니다(그림 4.31 아래).

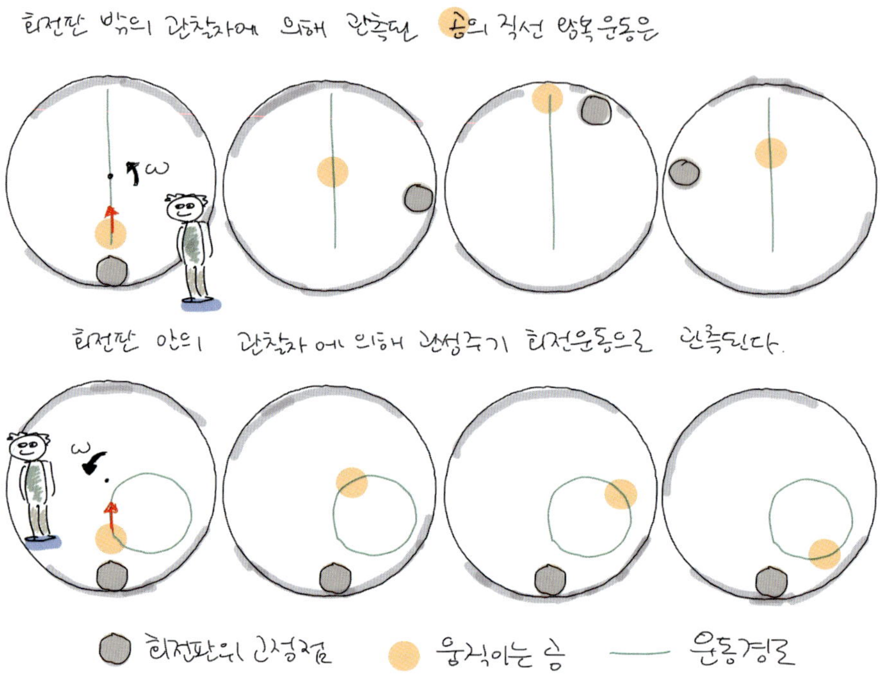

그림 4.31 회전판 위의 직선 왕복 운동하는 공의 항적을 관찰자가 회전판 밖에서 기술할 때와 회전판 내에서 기술할 때를 서로 비교한 예

따라서, 지구 위의 직선 형태의 왕복 운동을 회전판 내에서 관찰하면 원형의 관성 운동을 하는 것을 볼 수 있습니다.

그리고 시간이 지날수록 바닥과의 마찰에 의해 직선 운동은 점차 이동거리가 줄어 회전판 중앙으로 모이게 되고(그림 4.32 위), 회전판 내에서 관찰하는 경우는 회전하는 관성 주기 운동의 회전폭이 점점 감소합니다(그림 4.32 아래).

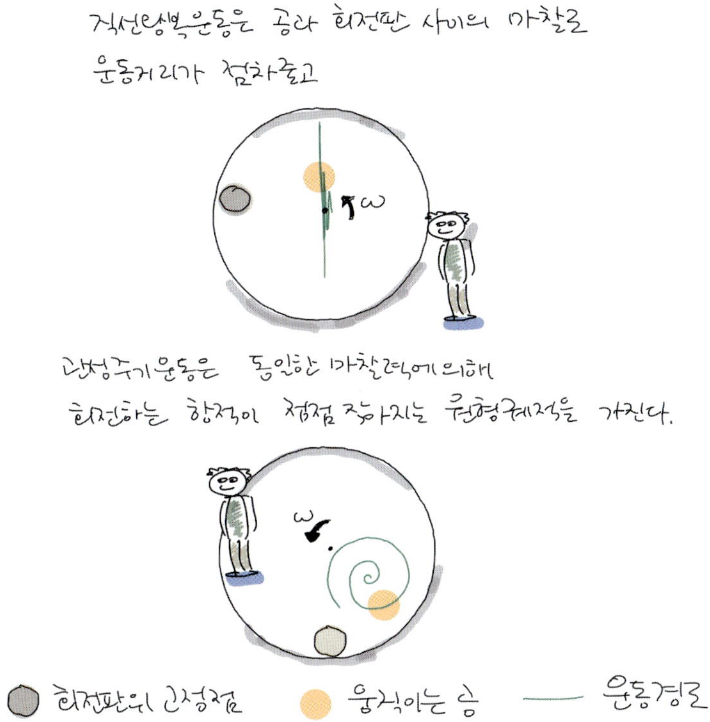

그림 4.32 직선 왕복 운동하는 공의 회전판 위에서의 움직임을 관찰자가 회전판 밖에서 기술할 때와 회전판 내에서 기술할 때 시간에 따른 항적의 변화

소리굽쇠는 그 모양과 크기에 따라 고유한 진동수를 가지고 있습니다. 작은 망치로 두들기면 일정한 주파수의 음파와 미세한 진동을 내는데, 동일한 모양과 크기의 소리굽쇠를 진동하는 소리굽쇠 가까운 곳에 두면, 한쪽에서 시작된 진동이 전달되어 평형 상태의 다른 소리굽쇠도 진동하게 됩니다. 이를 공진이라고 하고, 물체의 고유 주파수와 동일한 주파수를 가지는 외력이 물체에 작용할 때 물체의 반응이 최대가 되는 현상을 의미합니다(그림 4.33).

그림 4.33 소리굽쇠의 진동에 의한 공진

그림 4.30에서 공간을 이동하는 바람을 특정 지역에서 생각해 보면, 갑자기 등장하고 사라지는 바람으로 간주할 수 있습니다. 즉, 이동하는 바람은 델타 함수[$\delta(t)$]로 고려할 수 있는데, 이 델타 함수는 모든 주파수에서 에너지를 가지는 함수로, 이동하는 바람이 모든 주파수 대역을 진동시키고, 특정 지역에서의 바다가 이러한 진동에 공진의 형태로 반응하는 것으로 생각할 수 있다면 관성 주기 운동을 쉽게 이해할 수 있습니다.

바다는 자전하는 회전판 위의 자유롭게 움직이는 유체로 간주되어 전향력을 받으며 이에 따라 위도마다 다르게 정의되는 관성 주기($f = 2 \sin \theta$; 단위는 일회전수; $f = 4\pi \sin\theta/86400$; 단위는 rad s^{-1})를 가집니다. 즉, 바다는 위도에 따라 다른 주기의 회전이 적용되고 지구 위 바다 어디서나 관성 주기의 운동이 나타납니다(그림 4.34).

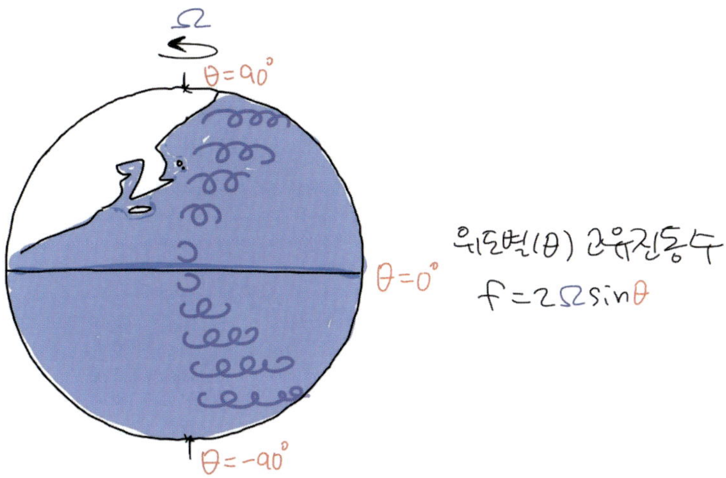

그림 4.34 위도별 고유 회전수(일회전수)에 의해 관성 주기 운동이 각 위도별 띠를 이루는 회전 형태를 보이는 예

이러한 관성 주기는 바다가 가지는 고유 진동수로 외부에서 고유 주파수와 동일한 외력이 가해지면 공진이 일어납니다. 연안에서의 해륙풍은 매일 하루에 한 번 해가 뜨고 지면서 주어지는 바다와 육지의 열용량 차이로 인해 생기는 바람으로(그림 3.19 위), 위도가 30°인 지역의 고유 진동수가 하루에 한 번 주기인 점을 고려하면, 이 연안 지역에서는 해륙풍에 의한 바다의 공진이 있을 수 있습니다 (그림 4.34). 관성 주기의 유동은 내부파와도 연관되어 있어, 바람에 의한 운동량이 바다에 전달되고 여기에서 발생한 에너지가 작은 규모의 에너지로 캐스케이드하여 소멸하는 과정을 가집니다.

8 아르키메데스 원리: 부력

아르키메데스 원리로 잘 알려진 부력은 유체에 전체 또는 일부 잠긴 물체의 부피에 해당하는 유체의 무게와 관련되어 있습니다. 일반적으로 물체에 의한 중력과 이를 떠받치는 부력의 평형에 의해 물체가 완전히 잠기거나 떠 있을 수 있습니다(그림 4.35).

물체에 작용하는 부력의 중심과 중력의 중심이 서로 일직선상에 놓여 평형을 이룬 경우 물에 떠 있는 물체는 안정한 상태를 가집니다. 다만, 이 두 힘 사이의 평형이 외부요인에 의해 깨질 때, 평형 상태로 되돌아가기 위한 복원력이 필요한데, 이 복원력은 두 힘의 중심 사이의 거리(모멘트 거리)에 영향을 받습니다(그림 4.36).

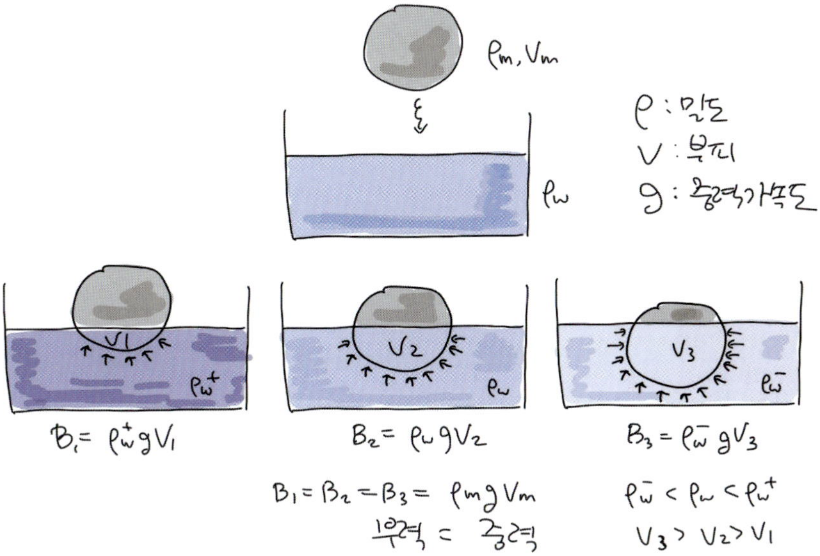

그림 4.35 같은 물체를 서로 다른 밀도의 유체에 넣었을 때 잠기는 부피(깊이)가 서로 다른 것을 보여 주는 예. 부력과 물체의 무게가 평형을 이루는 세 경우 모두 부력이 같음.

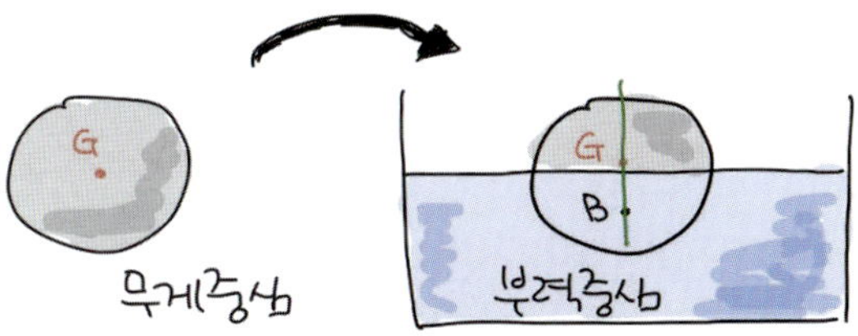

그림 4.36 부력의 중심과 중력의 중심의 위치 및 이 둘이 일직선상에 위치할 때의 안정한 예

호숫가에서 작은 배에 앉아서 타고 있는 두 사람 중, 지나가는 새를 보고 한 사람이 벌떡 일어나면 어떤 일이 일어날까요(그림 4.37)? 배가 좌우로 흔들리기 시작합니다. 이유는 무게중심과 부력중심이 가까운 거리를 유지하면 평형을 이루고 있다가, 한 사람이 일어나면서 무게중심이 위로 이동하고, 두 힘

이 작용하는 중심의 거리가 늘어나면서 작은 외력에도 두 힘의 중심의 위치가 변할 수 있는 가능성이 높아져 불안정한 상태가 되기 때문입니다. 이런 상황을 개선하는 방법으로는 무엇이 있을까요? 무게의 중심을 상대적으로 낮추기 위해 앉아 있던 사람이 몸을 낮추는 것도 하나의 방법이 될 수 있습니다. 혹은 부력의 중심을 올리는 것도 한 가지 방법입니다.

그림 4.37 배 위의 두 사람 중 한 사람이 일어나는 경우 생기는 물리적 현상

배가 강에서 바다로 이동하는 경우 담수(강)에서 해수(바다)로 밀도가 변하는데 배의 무게는 동일하고 물의 밀도 증가로 부력이 증가하고 이로 인해 물에 잠기는 부피가 감소하게 됩니다(그림 4.38). 즉, 배의 물 밖으로 나와 있는 높이가 증가하게 됩니다. 이와 반대로 해수(바다)에서 담수(강)로 이동하면 배

의 물 아래 부피가 증가해야 균형을 이루기 때문에 조금 더 가라앉게 됩니다. 따라서 상대적으로 물의 깊이가 낮은 강에서는 배가 바닥에 닿지 않도록 주의해야 합니다.

이스라엘 사해 역시 마찬가지입니다. 밀도가 높은 해수로 인해 부력이 상대적으로 증가하는, 즉 물에 뜨기 쉬운 조건을 가지게 되어 물에 누워 신문을 보거나 책을 보는 경우도 있습니다. 바다에서 수영을 잘하다가도 수영장 물에서 수영이 잘 안된다고 느끼는 경우도 이와 마찬가지 이유로 볼 수 있습니다(그림 4.38과 4.39).

그림 4.38 같은 배가 바다와 강에서 물의 밀도차에 의해 잠기는 깊이가 달라지는 예

그림 4.39 이스라엘 사해에서 부력 실험

9

물의 점프: 수력도약

싱크대에서 물을 틀고 싱크대 바닥에 떨어지는 물을 살펴봅시다. 수도꼭지 입구에 물의 배출을 산란시켜 물이 주위로 튀지 않도록 하는 장치가 붙어 있는 경우 관찰이 쉽지 않을 수 있겠지만, 물줄기가 바닥에 떨어지면 그 중심 가까운 곳에는 평평한 모양이 발견되고, 그 중심으로부터 멀어질수록 물이 방사 방향으로 흘러나가 어느 정도 거리에서는 물이 거품을 일으키거나 눈에 띄게 다른 질감을 보여 주는 현상을 볼 수 있습니다(그림 4.40 왼쪽). 물이 떨어진 중심으로부터 임의의 방사 방향으로 물의 속도와 물의 높이가 어떻게 변하는지 살펴봅시다. 중심에서는 속도가 빠르고 중심으로부터 일정거리를 지나면 속도가 낮아지는데, 속도가 빠른 곳에서는 물의 높이가 낮고, 속도가 낮은 곳에서는 물의 높이가 상대적으로 높습니다. 이러한 두 고유한 특징을 보이는 지역의 중간에서는 거품이나 물의 이동 방향과 반대 방향의 유동이 연속적으로 나타나는 것을 볼 수 있습니다. 이를 수력도약(hydraulic jump)이라고 합니다(그림 4.40)

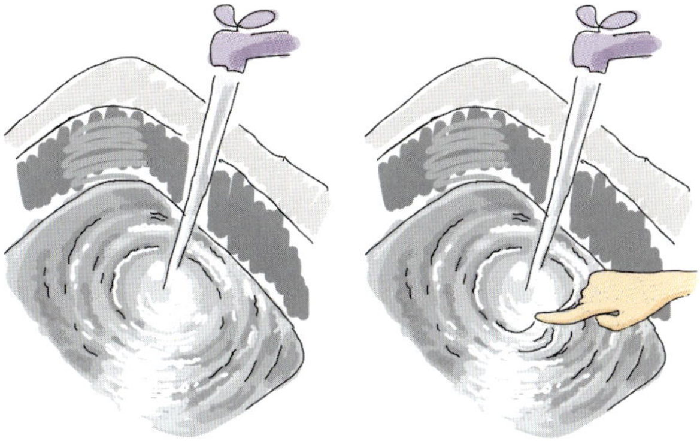

그림 4.40 싱크대에 물이 떨어져 수력도약을 만드는 모습과 수력도약이 일어나기 전의 속도가 빠른 구간에 검지손가락을 대어 수력도약이 먼저 일어나도록 하는 예

수력도약이 일어날 때 유동과 바닥 사이의 마찰에 의한 에너지 소산이 없다고 가정하면, 운동 에너지와 위치 에너지의 합이 보존됩니다. 이를 수식으로 계산해 보면 에너지 총합이 보존되지 않고 에너지가 어디론가 사라지는 것을 알게 됩니다. 수력도약에 의해 생겨난 거품이나 거친 면을 가지며 물의 높이가 높아지는 현상은 '난류'로 묘사될 수 있으며 이를 통하여 에너지가 일부 소진되기 때문입니다(그림 4.41).

그림 4.41 수력도약의 중심에서 방사 방향으로 고려했을 때 수면이 낮으면 속도가 빠르고, 수면이 높으면 속도가 느린 두 지역을 보여 주는 1차원 그림

수력도약의 전이가 일어나는 곳에서는 물의 이동 방향과 역류하는 물의 순환이 있어 안전사고에 유의할 필요가 있습니다(그림 4.42). 폭포나 계곡에서 급격히 떨어지는 물 아래에서는 물의 속도가 급격히 느려지는 영역이 있고, 실제로는 수직 방향의 물의 순환이 반복적으로 일어나 그곳에 빠지게 되면 밖으로 빠져나오지 못하고 익사사고가 발생하기도 합니다. 계곡에서 카약을 타고 역류하여 앞으로 나아가는 경우에도 물의 속도가 급격히 변하는 경로에서 주의해야 합니다(그림 4.44 아래).

그림 4.42 폭포 및 고속의 유동이 갑자기 느려지는 경우 물이 역류하거나 수력도약이 일어나는 유동장을 보여 주는 예

수력도약의 전이 부분의 역류하는 위치에 물에 뜨는 물체를 놓으면 불규칙하게 진동하면서 제자리를 유지하는 것을 발견할 수 있습니다. 이를 이용하여

보드 서핑을 하는 경우도 있습니다. 특히 강과 바다가 만나는 해역에서 물이 들어오고 나가는 속도가 달라 수력도약이 생기고 이런 지역에서 서핑을 즐기는 이들을 찾아볼 수도 있습니다(그림 4.43).

그림 4.43 수력도약에 의한 bore에서 서핑하는 예(© Alan Piper, 2015)

수력도약의 경우 속도가 빠른 영역에 구조물을 설치하면 전이가 조금 더 먼저 일어납니다. 즉, 수도꼭지에서 싱크대 바닥으로 물이 떨어지며 평평해 보이는 유속이 빠른 영역에 손가락을 가져가 바닥에 대면 수력도약이 바로 그 위치에서 일어납니다(그림 4.40 오른쪽). 이러한 도약이 단거리에서 일어나도록 하는 원리를 이용하여 실내에서 서핑을 할 수 있도록 하는 곳도 있습니다(그림 4.44 위). 또한, 계곡에서 카약을 타고 물을 거슬러 속도가 빠른 쪽으로 올라가는 경우 수력도약에 의해 순환하는 유동에 의해 건너기 어렵거나 전복시 인명사고가 생기기도 합니다(그림 4.44 아래).

그림 4.44 실내 서핑 및 계곡의 수력도약을 거스르는 카약

4장은 아리가 요약을 도와줄게요.

- 바다는 태양의 열과 바람에 의한 혼합 및 냉각으로 수직 방향의 층을 만들기도 하고, 층이 없이 밀도가 일정한 혼합층을 만들기도 해요.
- 바다의 '위아래', '좌우'로 움직이는 조석과 조류는 지구, 달, 태양 사이의 인력에 의해 생기고, 특정한 자전과 공전 주기으로 인해 조석과 조류는 고유한 주파수를 가져요.
- 갯벌에서 놀다가 멀리서 반짝이며 물이 들어오면 육지로 나올 시간이에요.
- 물놀이 중 갑자기 분위기가 깊어지면 이안류를 타고 있을 수 있으니 진행 방향의 45° 왼쪽 또는 오른쪽으로 수영하여 바닷가로 천천히 대피해야 해요.
- 쓰나미 경보가 울리면 기다리지 말고 안전하고 높은 곳으로 이동해요.
- 기울어진 해수면으로 지형류가 생기고, 이를 가지고 큰 규모의 와동류로 가득한 바다를 설명하기도 해요.
- 바람이 일정하게 불 때, 표층에서 해수는 바람의 방향의 오른쪽 45°(북반구)로 향하고, 깊이가 깊어질수록 더 회전하는 나선 모양이 생겨요.
- 지구가 자전하기 때문에 바다에는 위치(위도)별로 고유한 주기의 회전이 생겨요.
- 실내수영장보다 바다에서 물에 뜨기 쉬운데 그 이유는 담수에서보다 밀도가 큰 바다에서 부력이 더 커서 그래요.
- 물이 빠르게 움직이면서 거품이나 물보라를 만들고 유속 또한 느려지는 곳을 종종 만나게 되는데 이는 수력도약에 의한 것으로, 이런 지역을 카약으로 계곡을 거슬러 올라가거나 (폭포 아래에서) 수영하려고 할 때 주의해야 되요.

5장

바다에 대해 미처 몰랐던 사실

1 시원한 바닷가와 물고기

연안을 따라 장기간 한 방향으로 바람이 불면(북반구에서는 바람의 방향의 왼쪽에 연안이 있는 경우) 에크만 수송에 의해 표층의 물은 외해로 이동하고 저층에서의 물은 연안으로 해저면을 따라 위로 올라오는 용승 현상이 일어납니다. 이와 달리 반대 방향의 바람(북반구에서는 바람의 방향의 오른쪽에 연안이 있는 경우)에 의해 표층의 물은 연안으로 이동하고, 이에 따라 표층의

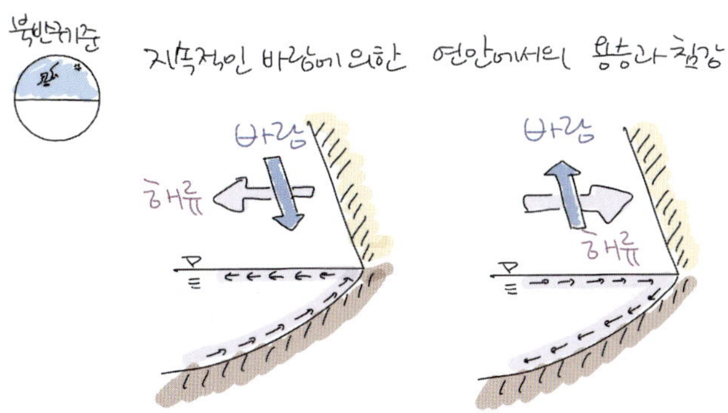

그림 5.1 연안에 평행한 방향으로 장기간 부는 바람으로 인한 해류와 이로 인한 해저면과 표층을 따라 이동하는 수직 방향의 용승과 침강

물이 아래로 내려가는 침강 현상이 발생합니다(그림 5.1). 용승 현상이 일어나는 경우 저층의 차갑고 영양분이 높은 물이 해저면을 따라 표층으로 이동하여 바닷가는 시원해지고 식물성 및 동물성 플랑크톤이 증식되어 어장이 형성되기 쉬운 조건의 냉수대가 형성됩니다. 예를 들어, 캘리포니아 연안의 건조하고 시원한 바닷가는 이러한 용승의 효과 때문입니다.

용승의 경우 연안의 해수면은 낮아지고 외해의 해수면은 높아져 전향력과 함께 바람의 방향과 같은 방향의 지형류가 생기고, 침강의 경우는 연안의 해수면이 높아지고 외해에서는 낮아져, 바람의 방향으로의 지형류가 발생합니다(그림 5.2).

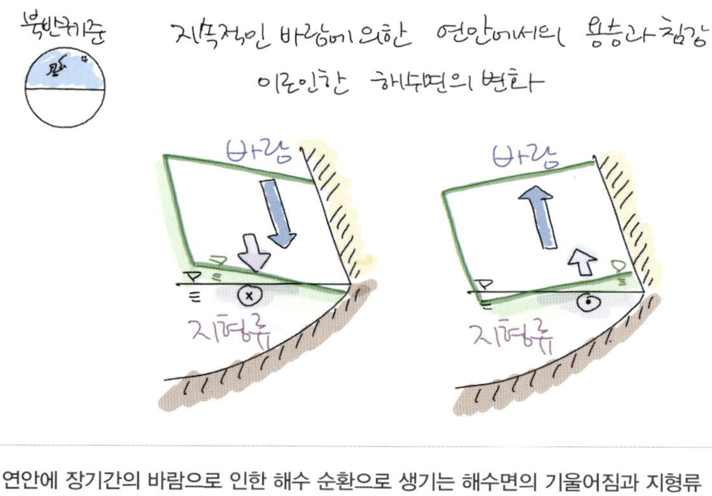

그림 5.2 연안에 장기간의 바람으로 인한 해수 순환으로 생기는 해수면의 기울어짐과 지형류

일반적으로 무기물에 의한 영양분의 수직 분포는 표층에서는 낮고 저층에서는 높게 나타납니다. 바다로 유입된 유기물은 시간이 지남에 따라 산소와

반응하여 무기물로 분해되고, 해수의 유동을 따라 이동합니다.

해수의 유동은 수평 방향의 성분이 수직 방향의 성분에 비해 크기 때문에 바다로 유입된 유/무기물은 주로 수평 방향으로 이동하나 최종적으로는 중력 및 수직 방향의 유동에 의해 바닥으로 가라앉게 됩니다(그림 5.3). 해저면 또는 강바닥을 자세히 살펴보면 고운 먼지 형태의 물질이 가라앉은 것을 볼 수 있습니다. 강이나 바다가 고요한 경우 그 형태를 유지하지만 갑작스런 유동이나 움직임이 일어나면 흙탕물이 되는 것을 종종 볼 수 있습니다.

또한, 산소의 수직 분포는 표층에서는 높고, 저층에서는 낮은 경우가 대부분입니다. 바다로 유입된 유기물이 분해될 때 산소의 일부가 사용되지만, 바다 상층부의 식물성 플랑크톤에 의한 광합성으로 인해 이산화탄소가 산소로 전환되고, 해수면에서는 바람에 의해 혼합과 수면파 파랑이 깨지며 공기방울 등을 통해 바닷물이 대기의 산소에 노출되는 기회가 해저층에 비해 높기 때문입니다(그림 5.3).

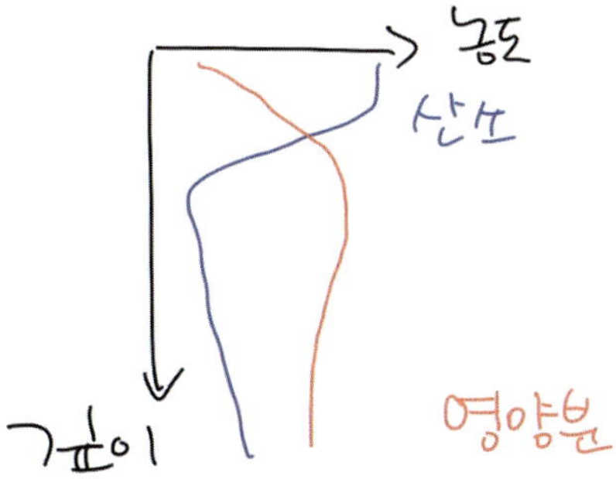

그림 5.3 바다에서의 영양분과 산소의 수직 분포

연안의 생태 분포는 영양분, 식물성 플랑크톤, 동물성 플랑크톤, 크기가 작은 물고기부터 큰 물고기 등으로 상위 포식자로 갈수록 생태 규모가 점점 감소하는 피라미드식 구조를 보입니다(그림 5.4). 생태계의 피라미드에서 아래에 위치한 생물들이 급격히 증가 또는 감소하는 경우 상위구조에서의 생물들은 이에 따른 증가 또는 감소가 시공간에서 연속적으로 일어납니다. 다만, 운동력이 있는 물고기의 경우 환경의 급격한 변화에 제한적으로 영향을 받지만, 하위구조에 있는 영양분과 운동력이 없는 생물들은 생태계 피라미드의 변동성과 긴밀히 연관된 변화를 보입니다.

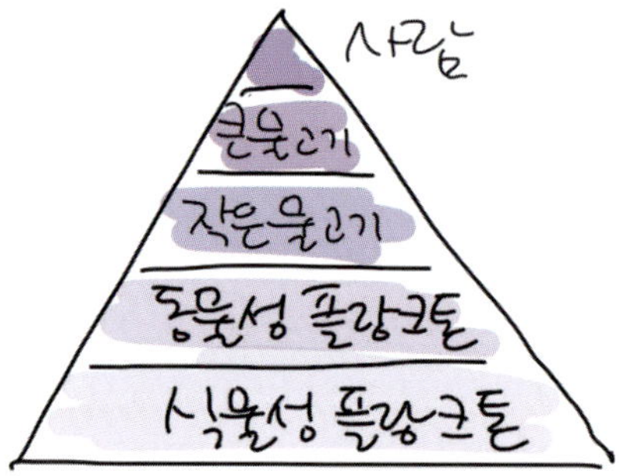

그림 5.4 바다에서의 생태계 피라미드

바람이 불어 생긴 연안의 용승으로 인해 저층의 차갑고 고농도의 영양분과 저농도의 산소를 함유한 물이 해저면을 따라 표층으로 이동하게 합니다. 이에 따라 식물성 플랑크톤의 증식, 동물성 플랑크톤의 증식이라는 연쇄적인 반응이 일어나 큰 어장이 형성됩니다. 식물성 플랑크톤은 대개 녹색을 띠어, 인공위성을 이용하여 바다의 색(해색)을 관측하는 경우 짙은 녹색으로 표현됩니다. 특히, 전 지구 5개 대양에서의 경계류 동편에 위치하는 지역(캘리포니아, 페류, 아굴하스, 카나리, 서호주 해류)에서 짙은 녹색으로 관측되는 경우가 있습니다(그림 5.5). 또한, 엽록소(식물성 플랑크톤)의 커다란 증식(bloom)은 적도에서도 발견되는데, 적도의 경우 남반구와 북반구의 동풍인 무역풍(동쪽에서 서쪽으로 부는 바람)에 의해 해수 순환이 형성되고, 전향력은 위도 5° 내의 남반구 및 북반구에서는 작지만 적도에서 멀어질수록 증가하여, 이에 따른 에크만 수송이 형성됩니다(그림 5.5와 5.6). 따라서 적도 표층에서는 발산하는 해수 유동이 일어나고, 이를 보존하는 수직 방향의 상승하는 해수 유동이 형성됩니다. 연안에서의 용승과 유사하게 저층에서의 고농도 영양분의 상승에 의해 식물성 플랑크톤의 갑작스런 증가(bloom)를 유도하기도 합니다.

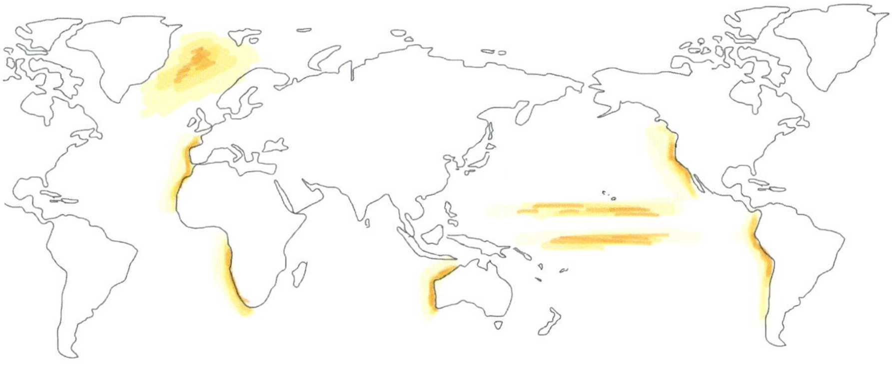

그림 5.5 용승 지역 및 엽록소 고농도 관측 지역

연안 용승으로 고농도의 영양분이 유입되어 생태계 피라미드 저층의 갑작스러운 증가와 함께 저농도의 산소가 유입되어 물고기가 폐사하는 경우도 있습니다. 이와 함께, 식물성 플랑크톤의 갑작스러운 증가 후 유기물로 분해되며 산소를 사용하거나 동물성 플랑크톤의 호흡으로 산소가 부족하게 되어 빈산소화는 가속화됩니다.

그림 5.6 적도에서의 바람에 의한 엽록소 번성

2 극지에서는 물이 가라앉는다

바닷물의 밀도는 온도와 염분에 의해 결정되고, 특히 염도가 높고 온도가 낮은 물은 상대적으로 밀도가 높아져 표층에서 해저로 가라앉습니다(그림 5.7과 5.8). 예를 들어, 수온염분도에서 염도는 그대로 유지하면서 온도가 낮아지면 밀도가 증가하는 것을 알 수 있습니다(그림 3.3). 적도, 중위도, 극지역을 비교시 중위도 지역은 상대적으로 증발량이 많아 염도가 다른 지역보다 높습니다. 중위도 지역에서 극지로 이동한 물은 상대적으로 염도가 높고 온도가 높아, 극지에서 열을 잃으면서 밀도가 주위보다 상대적으로 높아져 가라앉습니다. 주로 대서양 북쪽의 그린란드 지역에서 일어나며, 가라앉은 물은 유사한 밀도를 가지는 깊이까지 내려가고 저층에서의 해류를 따라 이동하며 태평양과 대서양, 인도양까지 이른 후 표층으로 나오는 열염분 순환(thermohaline circulation)을 합니다.

한편으로, 해수 표면에서의 냉각에 의해 상대적 밀도가 높아져 가라앉은 물은 대기 중의 신선한 산소, 탄소 및 이산화탄소를 포함하고 있고, 해저를 따라 오랜 시간 이동한 후에 표층으로 유출되기 때문에, 산소 및 이산화탄소의 동위 원소를 이용하여 물의 이동 경로를 추적하기도 합니다. 이와 관련된 큰 규모의 운동인 자오선 방향의 역전순환(meridional overturning circulation)은 전 지구 기후 변화에 대한 영향을 주는 주요 인자로 간주되고 있습니다.

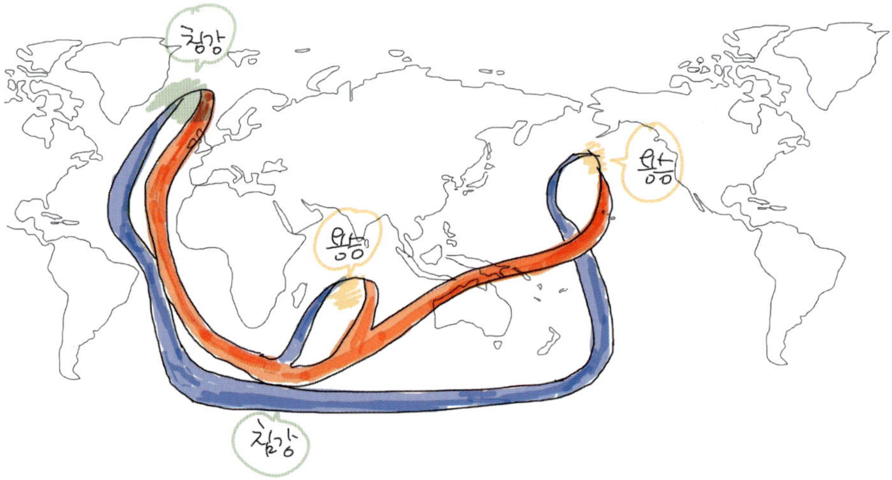

그림 5.7 극지에서 가라앉은 물이 컨베이어 벨트를 이동하며 용승하는 예

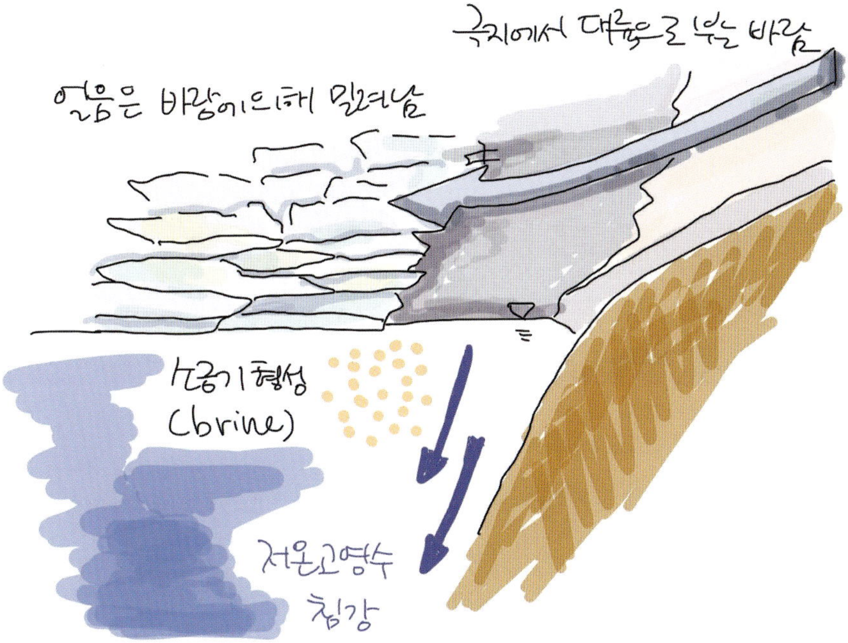

그림 5.8 극지에서 해수로부터 빙하가 생성되며 소금기가 형성되고 저온고염의 물이 침강하는 예

3 마이크로 플라스틱과 쓰레기 섬

우리가 만들어 내는 쓰레기는 잘 관리되어 육지 어딘가에 매립되거나 재활용되는 것으로 알고 있겠지만, 유기물을 포함한 육지의 많은 쓰레기와 오염물은 바다로 유입되고 있고, 이들은 큰 규모의 바다에 의해 희석되고 시간이 지남에 따라 사라집니다. 다만, 플라스틱과 같이 사라지지 않는 것도 있습니다.

플라스틱은 여러 모양으로 우리 주변에서 편리하게 사용되고 있고, 재활용을 통해 그 효용성을 높이고 있기도 합니다. 하지만 플라스틱이 바다로 유입되면 태양과 바닷물에 의해 점점 작은 크기로 분해됩니다.

바다로 유입된 유기물은 분자 및 원소 단위로 분해되어 생태계의 기초 재료로 사용되지만, 플라스틱은 수~수십 센티미터 크기의 마이크로 플라스틱으로 분해되어 바닷물에 떠다니며 빙하 속에 남아 있기도 하고 물고기가 먹기도 하여 생태계 및 자연환경에 크게 영향을 미치고 있습니다(그림 5.9). 특히, 플라스틱은 비닐, 스티로폼, 일회용컵, 빨대, 도시락 통, 음료수 병 등 매우 다양하고 우리 생활 속에서 광범위하게 사용되고 있어, 그 영향력이 매우 큽니다. 특히, 작은 입자 형태로 바닷물 속에 존재하여 생태계의 기저에 있는 동물 플랑크톤과 작은 물고기가 섭취한 후 소화되지 않은 채 해양생물의 몸에 남게 됩니다. 생태계의 상위 단계로 올라가며 누적된 마이크로 플라스틱은 아직 충분한 연구와 추적조사가 이루어지지 않아 유해성에 대해 명확히 밝혀지지는 않았지만, 우리 세대부터라도 반드시 플라스틱 관련 제품의 사용과 재활용에 주의를 기울일 필요가 있습니다(그림 5.10).

그림 5.9 마이크로 플라스틱(수~수십 센티미터 크기)(© Oregon State Universiy/Flickr)

그림 5.10 플라스틱의 분해 및 가능한 이동 과정

바다로 유입된 쓰레기는 어디에 모여 있을까요? 플라스틱과 같이 물에 떠 있는 쓰레기들은 표층의 해수 유동과 함께 움직입니다. 경계류는 전 지구 5대양의 아열대 지역을 흐르는 5개의 해류로 북태평양과 남태평양에 각각 1개, 북대서양과 남대서양에 각각 1개, 인도양에 1개가 존재합니다. 이들은 끊임없이 큰 원 형태로 일정한 방향으로 순환하는 해류로, 해류의 경로 바깥쪽에서는 상대적으로 속도가 빠르고 안쪽으로 갈수록 점점 느려집니다(그림 5.11). 바다로 유입된 오염물은 경계류의 중심에 위치하는 경우가 대부분이고, 북태평양의 경우 캘리포니아와 하와이 중간 위치에 위치한 쓰레기 섬이 잘 알려져 있습니다(그림 5.12와 5.13).

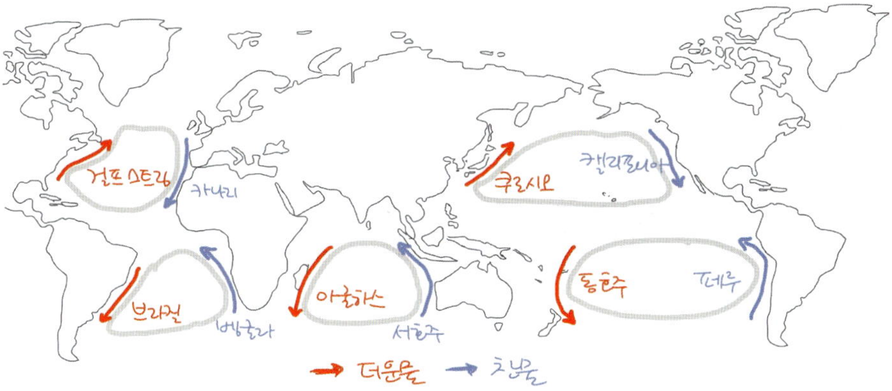

그림 5.11 전 세계 해양 경계류(Boundary Currents)는 5개 대양의 아열대 지역을 흐르는 주요한 해류로, 적도에서 극지역으로 또한 극지역에서 적도로 열의 이동을 통하여 전 지구의 해수 순환 및 기후 변화에 영향을 줌. 대양을 중심으로 서쪽 및 동쪽 경계를 흐르는 난류와 한류로 각각 구성

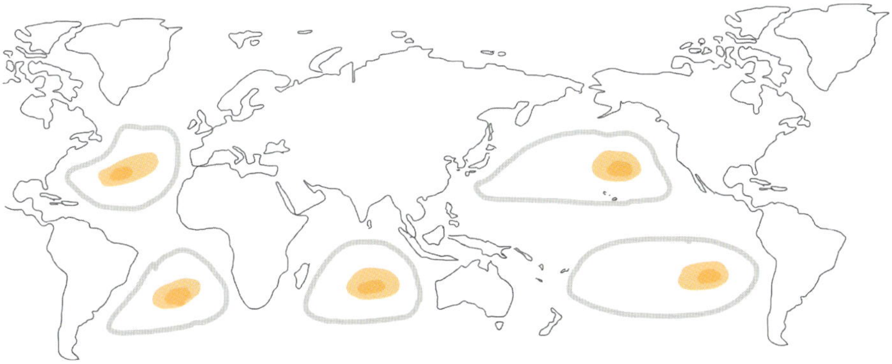

그림 5.12 쓰레기 섬의 대략적 위치

그림 5.13 쓰레기 섬의 예(© AFP/Getty images)

4 빈센트 반 고흐와 난류

2012년 미국 항공우주국(NASA)은 위성을 이용한 해양관측 자료를 시각화한 '영원한 바다(Perpetual Ocean)'라는 프로젝트를 공개하였습니다. 이는 2년 반에 걸친 바다 표면 흐름의 움직임에 대한 원격 관측 자료를 모아 제작한 것으로 그 모습이 마치 화가 빈센트 반 고흐의 〈별이 빛나는 밤〉 속 하늘의 배경과 유사하여 대중의 흥미를 끌었습니다(그림 5.14).

그림 5.14 빈센트 반 고흐 〈별이 빛나는 밤〉과 미항공우주국(NASA) 영원한 바다

이 '영원한 바다'는 중규모(100 km 이상의 공간 규모)의 와동류를 기반한 것으로 자연에서 일어나는 유체의 난류 유동의 한 가지 예로 들 수 있습니다. 고흐가 〈별이 빛나는 밤〉에서 불빛에 산란된 모습을 표현한 것이 그의 정신적인 문제에 기인한 것이라고 하는 이들도 있었지만, 고흐는 실제적인 자연의 모습을 표현하는 인상주의 화가로 불빛과 불빛 주위 유동을 눈으로 인지하고 그 내용을 그대로 그림으로 묘사하고자 하였습니다. 특히, 이 작품의 이미지를 과학적으로 분석하여 큰 규모의 와동류가 유사한 형태의 작은 와동류로 변화되고, 그 와류장의 공간 규모 순으로 에너지 분포를 고려하였을 때, 콜모고로프의(Kolmogorov) 난류 이론과 유사한 형태의 에너지 분포를 가지고 있는 것으로 밝혀졌습니다.

해양학자들은 미항공우주국 및 유럽연합 위성센터의 위성을 이용하여 관측한 해수면 높이의 공간차(미분)를 이용하여 지형류를 산정하였고, 이를 격자화하여 전 지구에서의 공간 규모가 100 km 이상인 해수 유동장을 산출하여 왔습니다. 이를 전 지구 영역으로 가시화하면 전 바다에 이러한 공간 규모의 와동류가 가득 차 있음을 알게 되었습니다. 우리 눈으로는 100 km보다 큰 규모의 유동을 볼 수 없지만, 이 기울어진 해수면이 해수의 움직임을 만들고 이들이 와동류의 일부라는 것을 알아낸 것은 놀라운 발견입니다(4.5절 참고).

바다의 에너지가 어떻게 분포되었는지 알아보기 위해 해수 유동을 공간 크기가 큰 것부터 작은 것으로 분류하여 에너지의 크기를 나열해 볼 수 있습니다(4.1절 참고). 자연에 있는 에너지는 시간과 공간에서 연속적으로 변합니다.

일반적으로 공간 규모가 큰 쪽에서 작은 쪽으로 점점 작아지는 방향을 따르는 에너지 경로가 있고, 다소 특별하지만 공간 규모가 작은 쪽에서 큰 쪽으로 점점 커지는 방향으로 이동하는 에너지 경로가 있기도 합니다(그림 4.3). 그래서 이러한 양방향의 에너지 이동이 시작되는 위치가 에너지가 주입되는 위치 또는 공간 규모가 됩니다(그림 5.15). 이전까지는 바다에서 발견되는 약 100 km 이상 크기의 중규모 와동이 주요한 에너지원이었는데, 최근에는 고해상도 해양관측을 통해 발견된 약 10 km 크기의 아중규모(중규모보다 작은 10 km 내외 공간 및 매 시간 규모) 와동류가 주요한 에너지원으로 보고되고 있습니다[3,4](그림 5.15와 5.16).

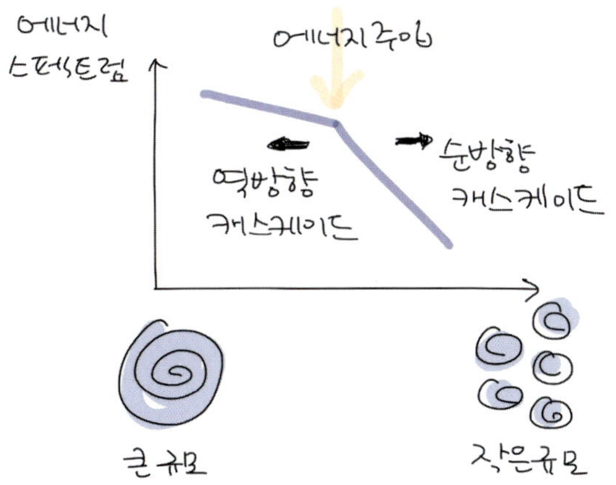

그림 5.15 순방향 및 역방향 순방향 에너지 캐스케이드

---

3 Lee, E. A. and S. Y. Kim, 2018: Regional variability and turbulent characteristics of the satellite-sensed submesoscale surface chlorophyll concentrations, J. Geophys. Res. Oceans 123(6), 4250-4279, doi:10.1002/2017JC013732

4 Yoo, J. G., S. Y. Kim, and H. S. Kim, 2018: Spectral descriptions of submesoscale surface circulation in a coastal region, J. Geophys. Res. Oceans 123(6), 4224-4249, doi:10.1002/2016JC012517

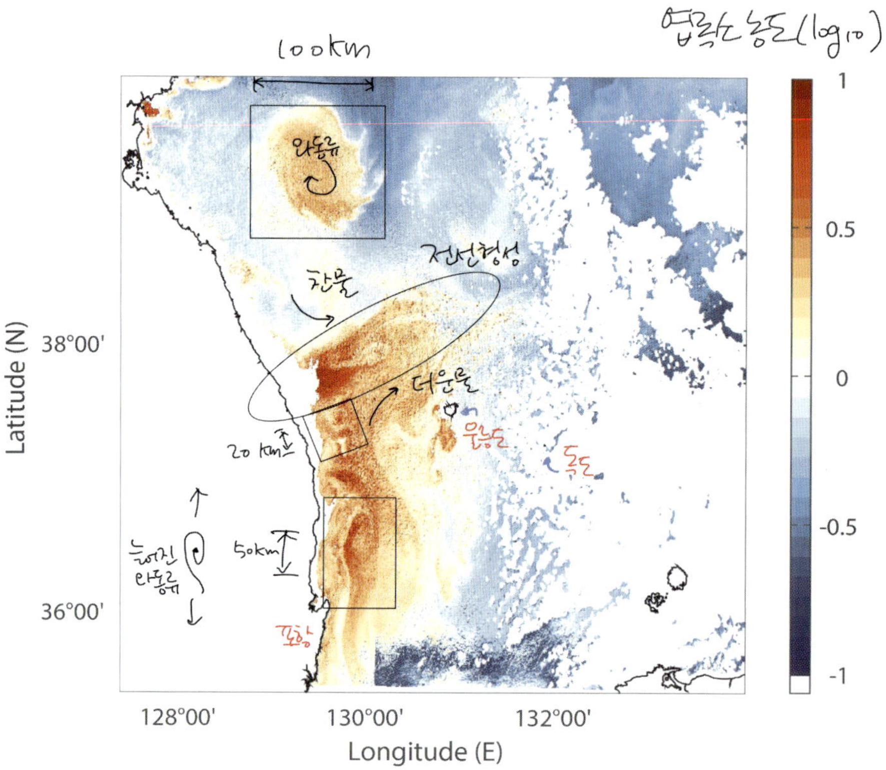

그림 5.16 동해에서 해색위성으로 관측된 아중규모 와동류 및 전선의 예

5 물속에서는 음파

우리 주변 환경에 있는 물체의 움직임이나 변화를 탐지하고 관측하는 방법은 무엇이 있을까요? 관찰자가 해당 물체에 센서를 접촉시켜 센서가 말해주는 물리적 특성을 기록하고 그 자료를 이용하는 방법이 일반적일 수 있습니다. 예를 들어, 관심 있는 물체에 가까이 접근하여 손으로 만지거나, 온도계를 가져가 온도를 재는 것이 가장 쉬운 방법일 수 있습니다. 다만, 가까이 접촉하지 않고 거리를 두어 원격에서 물체의 움직임이나 변화를 탐지하려면 어떻게 하는 것이 좋을까요? 일반적으로 전자파와 빛을 이용합니다. 전자파는 물체에 맞고 나오는 반사파를 이용하여 거리와 물체의 움직임을 탐지하며(예, Bragg 반사 포함, 그림 5.17 위), 빛을 이용한 광파는 의공학 및 근거리 탐지 및 해석에 사용되고 있습니다.

하지만 바다에서는 전자파와 빛을 사용할 수 없습니다. 왜냐하면 전자파는 물속에서 전파되지 않고 아주 가까운 미터 단위 거리에서도 99% 이상이 소산되기 때문입니다. 결국 물 밑에서는 Wi-Fi와 같은 무선통신이 불가합니다. 빛, 광파를 이용한 파동의 전파는 물속에서 최대 약 100 m, 즉 태양광이 하늘에서 깊이 방향으로 수직하게 투과할 수 있는 최대 깊이(바닷물이 탁한 정도에 따라 변동가능)로서 이보다 먼 거리에서의 원격 탐사 및 관측은 불가합니다. 따라서 바다 위나 물 밑에서는 원격 탐사 및 관측을 위해 다른 종류의 방법을 사용해야 하는데, 현재까지 알려진 유일하고 유효한 방법는 음파입니다(그림 5.17 아래). 앞에서도 언급되었지만, 공기 중에서 소리를 듣는 과정은 공기 밀도의 미세한 변화가 음원으로부터 우리의 귀까지 전달되는 것으로(그림 4.10) 물속에서는 공기 중보다 밀도가 높아(공기와 물의 밀도 차이는 약 1000배), 음파의 전달 속도는 공기 중의 300 m s^{-1}의 5배 정도 빠른 속도 1,500 m s^{-1}가 됩니다.

수중에서 음파의 전달은 밀도에 의존합니다. 특히, 밀도는 주로 안정한 수직 분포를 가지기 때문에 얕은 깊이에서는 밀도가 낮고 깊은 깊이에서는 밀도가 높은 것이 일반적입니다. 다만, 지역과 상황에 따라 밀도의 수직 방향에서 역전(높은 밀도 위에 낮은 밀도 아래)이 일시적으로 일어나는 경우도 있습니다. 이러한 조건 하에 음파는 스넬의 법칙에 의해 속도가 느린 쪽으로 굴절하여, 수중에서 음파가 전달될 때 밀도가 동일한 깊이의 내부를 여러 번 반사하며 전달되기도 합니다(그림 5.18). 음파가 전달될 때 음파가 동일한 밀도, 즉 동일한 음파 속도를 가지는 층 내의 위아래로 반사되며 전파되는 영역을 음파전달 채널이라고 하고, 이러한 반사를 통한 전달 중 음파가 전달되지 않는 영역을 '음영 구역'이라고 합니다.

그림 5.17 공기 중의 전자파를 이용한 탐지와 수중에서 음파를 이용한 탐지 방법

물 속의 물체 및 돌고래를 포함한 어군을 탐지하기 위해 음향 센서를 이용하여 물속의 소리를 전 방향에서 듣는 수동적인 방법이 있기도 하고, 관심 있는 물체의 거리와 방향을 탐지하기 위해 음파를 보내고 받는 능동적인 방식을 이용하기도 합니다(그림 5.17 아래).

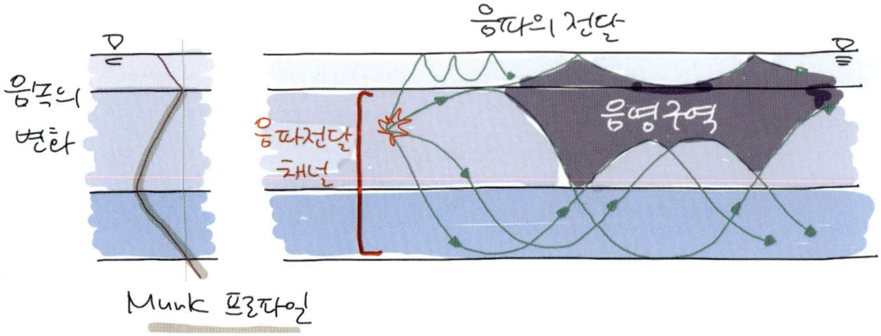

그림 5.18 음파가 전달 및 음파의 속도에 의해 굴절되는 예. 음파가 전달되지 않는 영역이 있고, 반사를 통해 공간으로 소리가 전달되는 음파 전달 채널이 있음.

바닷속 해양생물 중에는 자신을 보호하고 먹이를 잡기 위해 음파를 사용하는 작은 새우가 있습니다. 딱총새우라는 생물인데, 집게발을 움직여 작은 공기방울을 만들고 적이나 먹이가 가까이 오면 그것을 터뜨려 음파를 전달시켜 위협을 가하거나 기절시키는데 물속의 음파를 충격파로 효과적으로 사용하는 하나의 예입니다(그림 5.19). 공기 중에서 아주 작은 풍선을 만들어 터뜨리면 '딱' 소리를 내며 소리가 전파되는 것을 들을 수 있습니다. 그런데 이 동일한 작업을 물속에서 하면 그 소리가 빠르고 더 크게 전달됩니다.

우리나라 서해안에서 발견된 딱총새우는 수중에서 공기방울을 터뜨릴 때 물속 주변 환경보다 150배 이상의 소리가 낸다는 보고가 있었습니다.

그림 5.19 물속의 딱총새우는 자신을 보호하거나 먹이를 잡기 위해 집게발에 공기방울을 만들고 터뜨려 충격파를 발생시킴(© Arthur Anker/Flickr).

6 물 밑의 큰 파랑: 내부파

해수면에서의 파랑(수면파)은 약 1000배의 밀도 차이가 나는 물과 공기 사이의 교란에 의해 생기는 것으로 약 1~10 m 크기를 가집니다(그림 5.20). 자연의 평형 상태에서 밀도가 높은 물은 지구 중심에 가깝게 아래에, 밀도가 낮은 것은 위에 위치하여 성층을 이루는데, 이러한 수직 방향으로 성층화된 물기둥의 층간 밀도차가 10^{-3}에서 10^{-4}배인 성층화된 유체에 주어진 교란에 의해 생기는 파랑을 내부파라고 하고 그 크기는 수백 미터에 이릅니다.

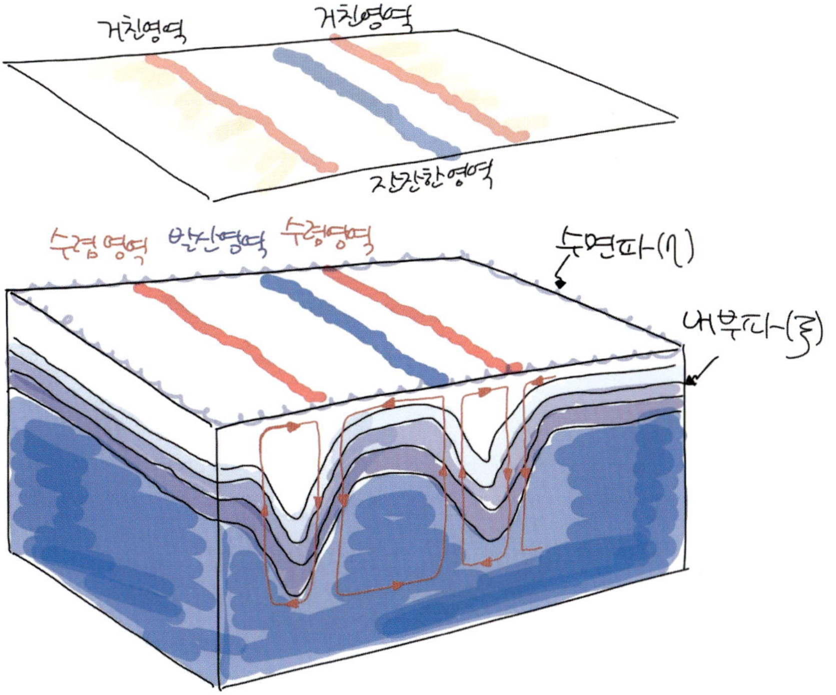

그림 5.20 수면파와 내부파의 비교 및 내부파에 의한 해수면의 수렴과 발산영역으로 인한 거칠기의 변화

내부파의 진동을 스프링과 질량을 가지는 진동 시스템과 연관지어 생각해 봅시다(그림 5.21). 질량이 m인 물체를 일정 거리만큼 위로 이동시켰을 때, 스프링에 의한 복원력으로 물체가 되돌아갑니다(그림 5.21 왼쪽). 수직 방향으로 안정된 구조를 가지는 성층 구조의 유체에서, 아래 위치한 미소량의 물방울을 일정거리만큼 위로 이동시켰을 때 주변보다 무거워 밀도차와 중력 가속도를 곱한 만큼의 힘이 복원력으로 작용하여 원래 위치로 되돌아가려고 합니다(그림 5.21 오른쪽).

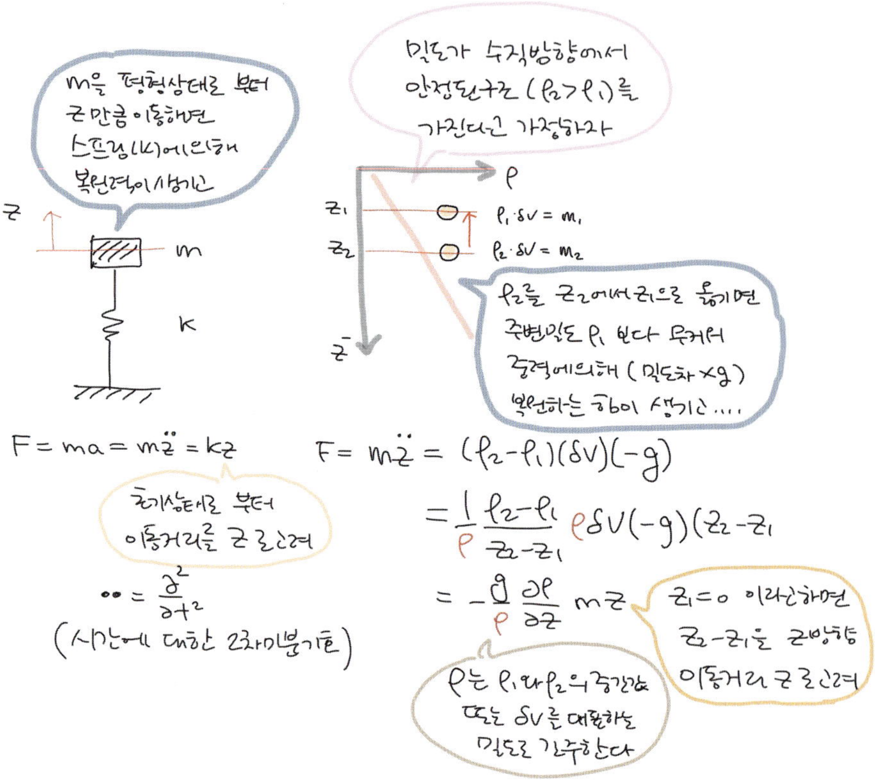

그림 5.21 스프링과 질량으로 이루어진 시스템의 진동과 성층화된 물기둥의 밀도 변화가 일으키는 진동의 상관성을 통한 진동방정식

스프링과 질량을 가진 시스템과 성층화의 밀도에 교란을 가하는 것의 유사성을 고려하여 진동방정식을 시간에 대한 2차 미분의 형태로 구성하여 해를 구할 수 있습니다. 스프링의 고유 진동수는 스프링 상수와 질량에 의해 결정되고, 밀도층에서 고유 진동수는 수직 방향의 밀도의 변화량(미분값)으로 결정됩니다. 이를 부력 주파수라고 하고, 깊이 방향으로 밀도가 급격히 변하는 경

우와 천천히 변하는 경우로 나누어 생각해 볼 수 있습니다. 수직 방향으로 밀도가 천천히 변하는 경우 부력 주파수의 크기가 커서, 진동수가 큰 수직 방향의 움직임이 예상되고, 수직 방향으로 밀도가 급격히 변하는 경우 부력 주파수의 크기가 작아 진동수가 작은 수직 방향의 움직임이 예상됩니다(그림 5.22).

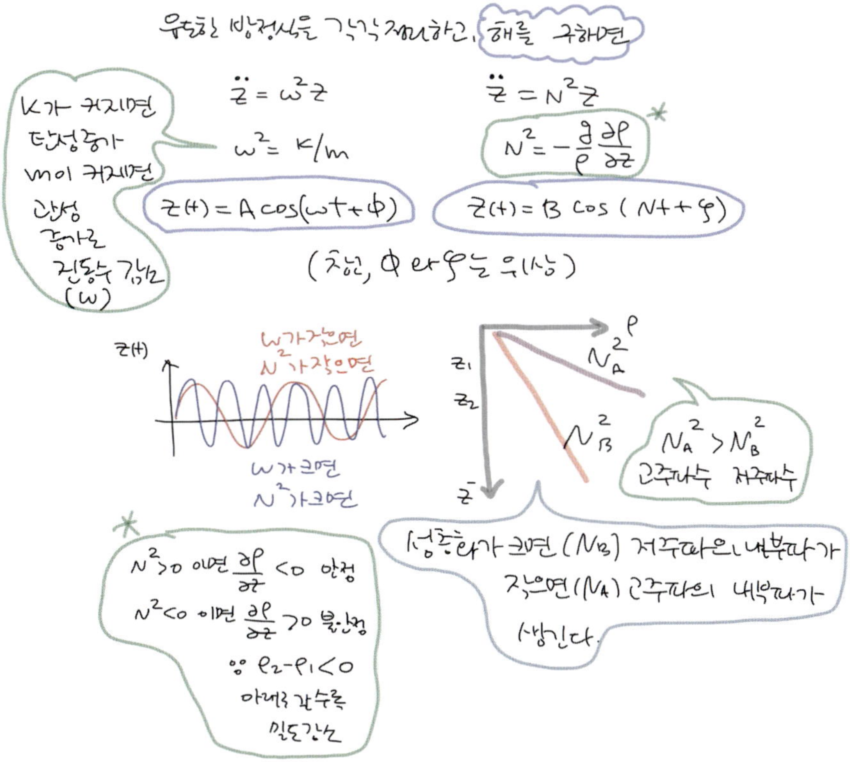

그림 5.22 진동방정식의 해 및 의미

내부파의 크기는 두 층 사이의 밀도차에 반비례하여(그림 5.23), 수면파의 크기가 약 1 m 내외이면, 내부파는 약 100 m의 크기를 가집니다.

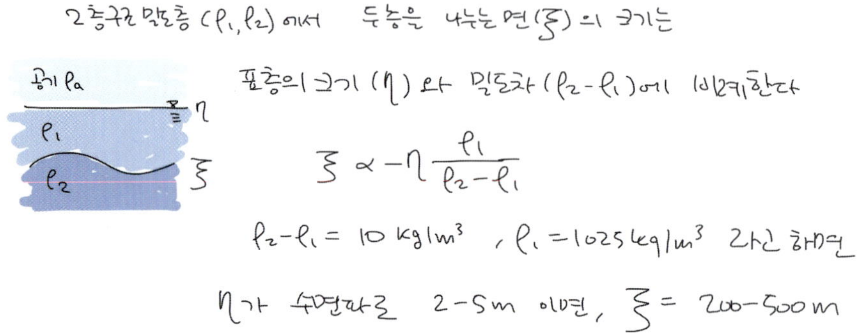

그림 5.23 2층 밀도 구조에서의 내부파의 크기는 밀도차의 역수에 비례함.

내부파가 생성되는 근본적인 이유는 수직으로 층을 이룬 유체가 외부 힘에 의해 출렁이거나 교란되어 이를 복원하기 위한 자연 현상으로, 표층에서는 바람에 의해 주어진 운동량이 표층의 성층에 교란을 일으키거나, 해저에서는 주기적인 조류에 의해 유체가 이동하며 해저지형 또는 해저경사면을 가로지르며 성층의 교란을 발생시킵니다(그림 5.24).

내부파는 바다 안에서 생성되고 전파되고 소멸되는데, 물 밑에서 일어나는 내부파를 해수면에서 직접 식별하기 어렵습니다. 바다에서는 약 100 m 미만으로 빛이 투과되기 때문에 육안으로 그 깊이보다 깊은 곳에서 일어나는 일을 직접 관측하기 어렵고, 특히 내부파의 경우 파랑의 크기가 약 10에서 100 m 이므로 직접 파랑 전체를 한눈에 보거나 관측하기는 더더욱 어렵습니다. 따라서 해수면에 드러나는 간접적인 증거들로 식별합니다(그림 5.20과 5.25). 해수면 표층의 높이를 높은 정확도로 관측하는 위성 고도계를 이용하여 해수면의 거칠기, 즉 내부파에 의한 수렴하는 부분과 발산하는 부분의 관측을 통해 내부파의 표층 증거를 관측할 수 있습니다(그림 5.20과 5.25).

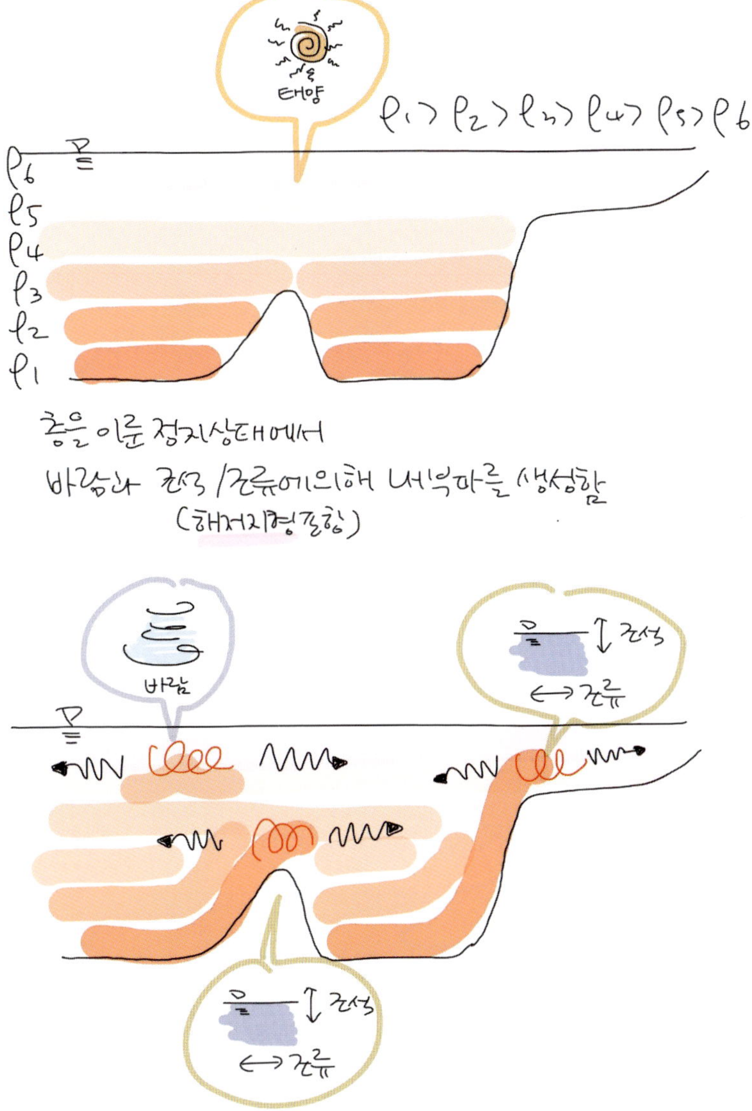

그림 5.24 성층화된 바다에서 바람과 조석에 의해 성층을 섞는 교란으로 내부파가 생성되는 예

내부파는 수직 방향으로 진폭이 큰 파랑으로 수중음파 전달을 교란시키거나 잠수함 운용에 영향을 줄 수 있으며, 밀도층의 교란을 통해 해양으로 주입된 조석 및 관성 주기 에너지가 소진되는 주요한 경로가 되기도 합니다.

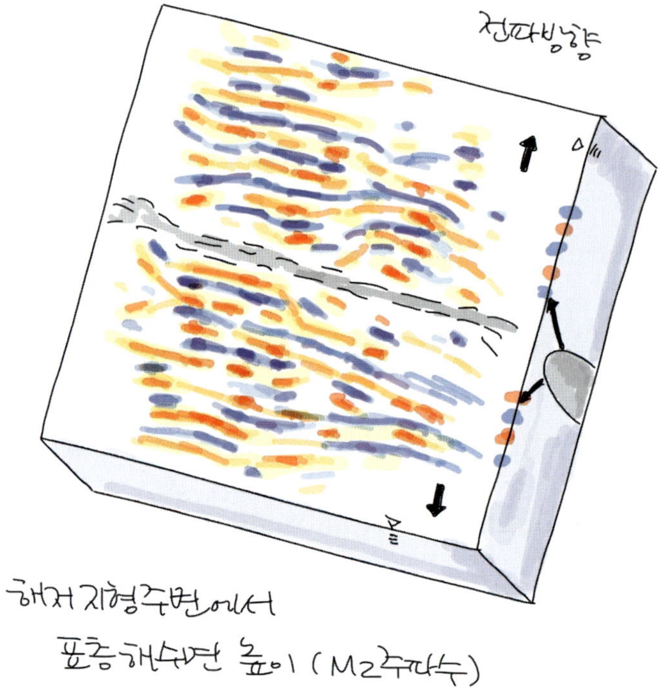

그림 5.25 위성 표층 고도계로 관측된 내부파 증거 사진

7 계속 쓸 수 있는 에너지

자연으로부터 얻은 지속 가능한 에너지와 그 에너지를 우리가 사용하기에 적합한 형태로 변환하는 에너지 전환에 대해 알아봅시다. 바다에서 부는 바람에 의한 풍력, 이 바람에 의해 생긴 표층 파랑에 의한 파력, 지구–달–해 사이의 인력에 의한 조력, 이 세 가지에 대해 살펴보기로 합시다. 또한, 에너지의 전환은 운동 및 반복되는 에너지를 사용하기 편리한 전기 에너지로 변환하는 것을 말합니다. 반복되고 규칙적인 운동을 자기장에 적용시켜 전기를 얻는 패러데이 법칙을 이용합니다(그림 5.26).

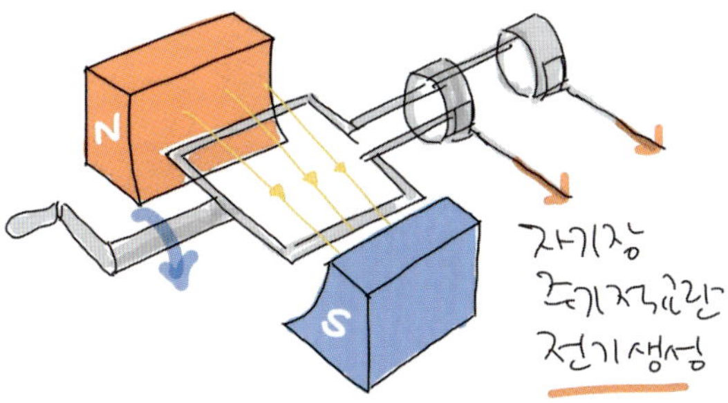

그림 5.26 자기장의 주기적 교란을 통해 전기를 생성하는 패러데이 법칙

풍력 발전

연안 및 외해(연안에서 100 km 미만 거리 내)에 설치된 프로펠러 형태의 구조물을 이용하여 바람의 운동 에너지를 프로펠러에 붙어 있는 회전하는 자석이 자기장을 교란하여 전기장을 유도하고, 이를 사용하기 편리한 직류 전기로 변환하는 발전의 형태를 풍력 발전이라고 합니다. 프로펠러 앞과 뒤의 바람의 속도 제곱의 차이는 바람이 프로펠러에 전달한 에너지로 고려할 수 있고, 이에 대한 효율을 높이는 것이 중요한 문제였습니다. 특히, 프로펠러의 뒤에서는 바람의 속도가 0이 되지 않기 때문에 프로펠러 앞의 바람에 의한 운동 에너지가 모두 전환되지는 않습니다. 풍력 발전의 한계 효율은 최대 59.3%(Betz의 한계)로 알려져 있습니다(그림 5.27).

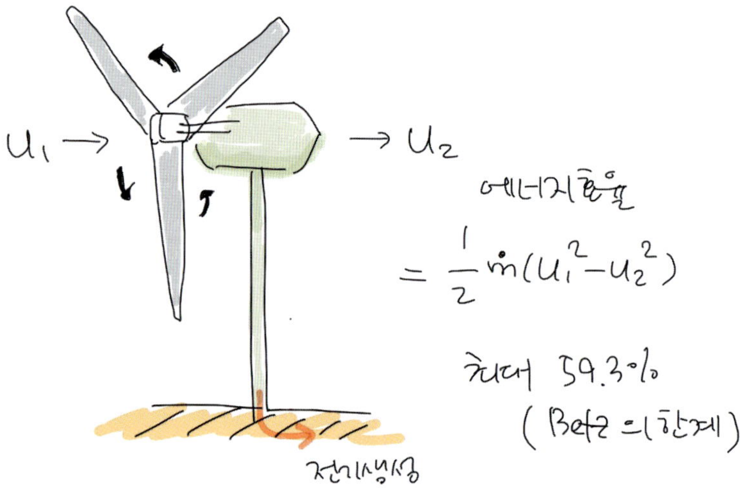

그림 5.27 풍력 발전의 예. 프로펠러 앞과 뒤의 바람의 속도 제곱의 차를 고려한 효율은 최대 59.3%(Betz의 한계) 미만임.

파력 발전

표층파랑은 바다라는 유체의 매질을 통하여 유동의 이동이 아닌 에너지를 전달하는 것으로, 수직 방향에서 파랑이 만드는 항적을 고려하면 표면으로부터 깊어질수록 그 크기가 기하급수적으로 감소하고 그 항적은 원형 또는 타원의 형태를 보입니다. 이 주기적인 원 또는 타원 모양의 항적을 이용하여 이를 전기 에너지로 전환하는 파력 발전이 있습니다(그림 5.28).

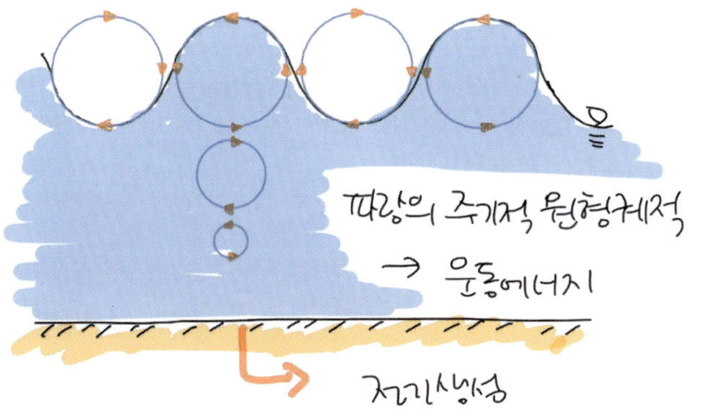

그림 5.28 파동의 원 또는 타원 항적의 반복 운동으로부터 전기를 생성함.

조력 발전

조석의 높이 차이가 큰 해역에 주기적인 해수면의 변화에 맞게 물을 가두어 두고 높이 차이가 큰 시점에 물을 내보내어 위치 에너지를 최대화한 후 이로 인하여 물이 지나가는 곳에 터빈을 돌려 풍력 발전과 유사한 형태의 전기 에너지로 전환하는 것을 조력 발전이라고 합니다. 물의 속도는 바람의 속도보다 느리지만 밀도가 1000배 높기 때문에, 조력에 의한 에너지는 풍력 에너지와 유사하거나 큰 경우가 대부분입니다. 또한, 조석의 최고 및 최저점의 차이가 충분한 경우에만 조력 발전소 건설의 효율을 기대할 수 있습니다(그림 5.29).

그림 5.29 물의 위치 에너지 또는 조위차를 이용하여 물이 이동하면서 터빈을 돌려 전기를 생성하는 예

에너지 하베스팅

에너지 변환의 원리를 고려하여, 자연에서의 반복되는 진동이나 열에너지를 전기 에너지로 바꾸어 에너지를 모으는 작업을 에너지 하베스팅(energy harvesting)이라고 합니다(그림 5.30). 유동장 내의 원형 구조물은 특정 속도 및 조건 하에 주기적인 후류가 발생하여 유동장의 방향에 수직한 방향으로 움직임을 만들어 내는데(그림 3.35), 이러한 규칙적인 상하운동이 자장을 교란시킬 수 있도록 장치를 고안하여 전기를 추출하는 방법이 있습니다. 다만, 유동 내 환경이 미생물이 증식하는 등 부착물이 생겨 기능이 저하되거나 장기간 운영이 불가한 경우도 있어 원리의 적용에 있어 실제적인 문제도 고려할 필요가 있습니다.

그림 5.30 풍력 또는 조력 발전의 경우 회전에 의한 시스템의 반복된 진동으로부터 전기 에너지를 생성함.

8

바다를 공부하는 방법

바다를 공부하는 방법은 크게 현장 관측, 이론, 수치 모델링 세 가지 방법이 있고, 한 가지 더 추가하자면 자료동화를 들 수 있습니다.

해양 현장 관측

"바다의 모든 현상과 새로운 발견은 관측으로부터 시작한다. 다만, 이론과 모델링은 이 관측을 구체화하는 것이다." 물리 해양학자 헨리 스톰웰의 말입니다.

과학자들은 바다에서 일어나는 모든 물리적 현상을 관측을 통해 이해하기 시작하였습니다. 물리적 관점에서 본 관측의 대상은 바닷물의 온도, 염도, 유속과 방향입니다. 추가적으로는 온도와 염도로부터 밀도를 계산할 수 있습니다. 바닷물 안에 현장 관측을 위한 도구와 센서들(온도계, 염도계, GPS, 수중음향 장비)을 넣어두기도 하고, 바다 표면의 관측을 위해 비접촉성 전자파와 광학을 이용한 원격탐사, 그리고 위성 관측을 수행하기도 합니다. 위성을 이용한 관측은 계획 및 관측 단계에서 요구되는 예산의 규모가 크기 때문에, 연구자가 개별적으로 수행하기 어렵습니다. 따라서, 바다를 적극적으로 이해하기 위한 관측의 방법으로 센서를 물 안에 넣어 두는 방법을 택합니다. 의사 선생님들이 몸에 청진기를 대고 몸 속에서 나는 소리를 듣듯이, 물속에 센서를 적절한 깊이와 기간 동안 넣어두어 바다의 신호를 기록합니다. 이때 그 기록을 현장에서 할 수도 있지만, 자동으로 장기간 수행할 수 있도록 배터리와 이에 맞는 전자 및 전기 장치를 이용합니다. 또, 적절한 위치에서 지속가능한 관측이 가능한 플랫폼을 고안하고, 스스로 추진할 수 있는 기능을 추가할 수도 있으며, 여러 센서의 탈착과 부착을 통해 다양한 추가적인 물리 및 화학 변수를 동시에 관측할 수 있도록 설계하기도 합니다. 이에 따라 전기 전자 해양 분야의 종합적인 이해와 공학적 설계 수행 능력이 요구됩니다. 이러한 장비와 센서는 염분이 있는 물에 약하여, 부식에 저항함과 동시에 방수 및 미생물의 생성을 제한하는 기술도 필요합니다. 또한, 장기적인 운용을 통한 대형 자료 및 일관된 자료의 품질을 유지하는 기술도 필요합니다.

바다는 크고 넓으며 복잡하고 이해하기 어렵습니다. 이러한 바다를 몇 개의 센서와 장비를 이용하여 관측하고 이해하는 것은 더 어려운 일로서 지엽적인 정보를 일반화하는 오류를 범할 수 있습니다. 이를 피하기 위해서 동시 종합 관측의 해양 관측망을 구성하여 3차원 공간과 시간을 추가한 총 4차원의 공간에서 바다를 이해하려는 노력을 수행하고 있습니다. 이 중에서 사람들이 많이 모여 사는 연안을 기반으로 중요하고 유용한 해양 정보를 수집하고 응용하기 위한 연안관측 시스템(Coastal Ocean Observing System; COOS)이 전 세계적으로 운용 중에 있습니다(그림 5.31과 5.32). 표층 해수 유동의 라그랑지안(Lagrangian) 관점에서 관측을 위한 GPS 탑재 뜰개, 연안의 파랑 및 해수 유동장 관측을 위한 고주파 레이더 및 X-band 레이더, 수중 온도 및 염도, 해수유동, 생물 및 화학변수 관측을 위한 글라이더 및 Argo 플로트, 수온과 염도 관측을 위한 선박탑재 온도염도깊이 관측장비(CTD)와 이동형 온도염도깊이 관측장비(Underway CTD; uCTD), 부이(Buoy)에 붙여 특정 위치의 수직 방향 온도와 해수유동을 관측하는 온도센서 및 음향 도플러 해류계(Acoustic Doppler Current Profiler; ADCP), 해수면 높이 관측을 위한 조위관측과 위성

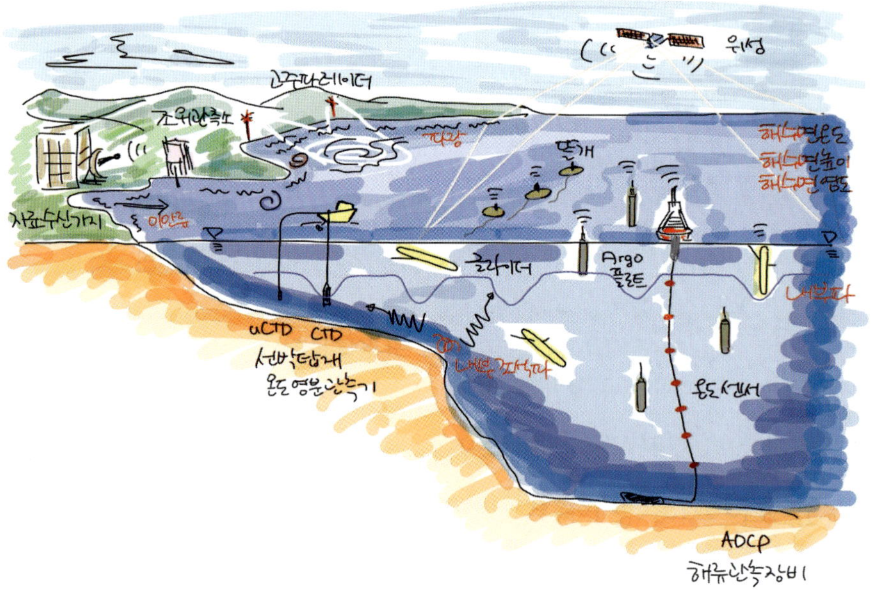

그림 5.31 연안관측 시스템의 예

그림 5.32 해양관측 센서의 예(글라이더 이미지: Dr. R. Todd at Woods Hole Oceanographic Institution)

고도계, 온도 및 염도를 관측하는 위성 등 연안으로부터 200 km 내의 바다의 표면과 수중의 종합 관측을 통해 바다의 정보를 종합적으로 이해하고자 합니다(그림 5.31과 5.32).

이론을 이용한 바다 공부

물리적 이론을 이용하여 바다를 공부하는 경우, 유동을 기술하는 운동량 보존 방정식과 열염분의 변화를 기술하는 열역학 방정식을 연동한 방정식을 이용합니다. 이 방정식에 해양에서 관측된 물리 현상을 가장 적절히 표현할 수 있는 가정을 추가하여 방정식을 단순화 또는 모수화하여 방정식에 사용되는 주요 변수가 관측된 물리 현상에 동역학적으로 어떻게 기여하고, 이러한 물리 현상이 가질 수 있는 의미와 영향을 연구합니다. 이는 각 변수들과 이들 간의 생길 수 있는 상호작용 및 주요한 기작을 이해하는 중요한 연구 방법으로, 관측 결과를 이해하는 데 사용할 수 있습니다. 또한, 방정식을 직접 손으로 풀거나 컴퓨터를 이용하여 풀어내는 경우도 있습니다.

수치 모델을 이용한 바다 공부

컴퓨터를 기반으로 한 수치 모델을 이용하여 바다를 공부하는 경우, 이론에서 언급된 열역학 및 운동량 보존 방정식을 작은 3차원 정육면체 격자 또는 비정형 격자로 나누어 관심 있는 바다의 영역에 적용시킵니다. 각 격자에 주요변수(온도, 염도, 속도 성분, 밀도 등)를 정의하고 바람, 조류, 해수면 높이, 열용량 등 경계 조건과 각 격자 사이에 시간 및 공간의 변화를 갱신하여 주요

변수의 값을 시간과 공간에서 계산하는 방법입니다. 수치 모델을 이용한 연구는 이론의 경우보다는 실제 현상을 모사하는 데 가까운 일로 4차원 구조(3차원 공간 및 시간)에 모든 자료가 존재하여 시각화 및 유동 현상을 이해하는 데 많은 도움을 줍니다. 또한, 복잡한 현상을 각 경계 조건의 영향을 분리하여 고려할 수 있고, 이상적인 경우로 단순화하여 문제를 해결할 수도 있는 유용한 방법입니다(그림 5.33).

해양 자료동화

바다를 공부하는 경우, 관측 자료는 시간과 공간에서 제한적으로 수집이 가능하고, 수치 모델의 경우 가정을 동반한 수학적 결과로 시간과 공간에 제약을 받지 않기 때문에, 이 둘을 종합하여 실제 현상을 기술하는 방법을 자료동화라고 합니다. 관측 자료와 동역학적으로 일관된 수치 모델의 장점을 이용하여, 옷을 만드는 씨실과 날실 같이 두 커다란 유체를 기술하는 프레임워크를 접합함으로써 실제 현상을 더 잘 표현하고 이해할 수 있습니다.

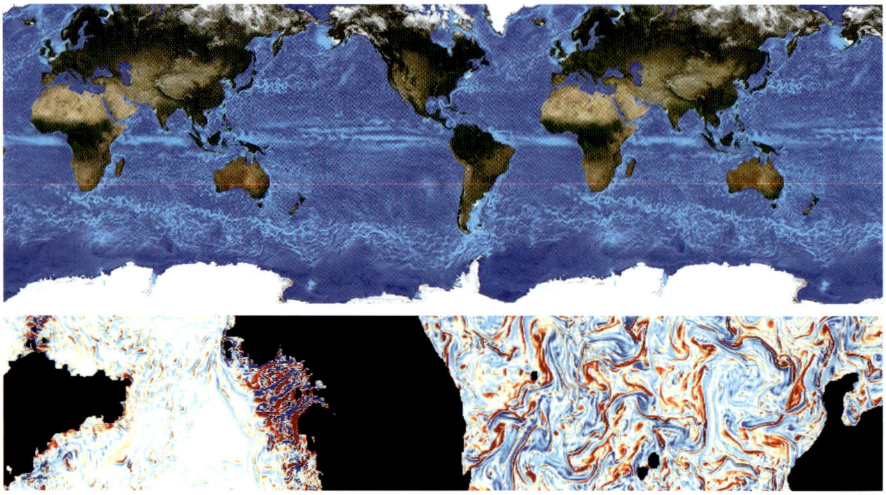

그림 5.33 고해상도 수치 모델 결과 Massachusetts Institute of Technology general circulation model(MITgcm): 전 지구 2 km 해상도의 3차원 유동 모사 및 한반도 주위의 모델 결과 중 와도를 표현한 예

이러한 현장 관측, 수치 모델 자료는 시간과 공간에서 바다의 일부를 나타내는 정보로 빅데이터 분석의 좋은 재료가 되며, 자연의 법칙을 자료분석을 통해 새롭게 알게 되고, 머신러닝과 달리 자연러닝이라는 방법을 배울 수 있습니다. 또한, 자연으로부터 얻는 훈련된 내용으로 가까운 미래를 예측하기도 합니다.

5장은 부리가 요약을 도와줄게요.

- 해안가를 따라 평행하게 부는 바람은 저층의 영양분과 함께 차가운 물을 올라오게 하여 어장을 형성하고 바닷가 물의 온도를 낮춰요.
- 바닷물이 차가워지면 주변의 보다 무거워지고, 이로 인해 가라앉게 되는데, 극지로 이동한 바닷물에 이런 일이 생겨요.
- 우리가 쓰는 플라스틱은 작은 조각으로 분해되지만, 결국 사라지지 않고 우리에게 다시 돌아와요.
- 고흐는 밤하늘의 별을 보며 자연에 존재하는 난류를 그렸고, 우리는 위성으로 바다를 보며 큰 규모의 와동류 (난류)를 관측할 수 있어요.
- 물속에서의 통신은 음파를 이용해요.
- 우리가 바다에서 보는 일반적인 파랑과 달리 물 밑에는 그보다 더 큰 파랑이 있어요.
- 바다에는 계속 사용할 수 있는 에너지원이 있어요.
- 바다를 공부하는 몇 가지 방법으로 현장에 직접 가서 물 속에 장비를 넣어두고 바다의 신호를 기록(관측)하고 이를 해석하는 방법이 있고, 바다와 같이 큰 유체를 설명하는 방정식과 이를 컴퓨터를 이용하여 계산하는 수학적 모델링, 그리고 관측 자료와 수학 모델을 동시에 이용하는 자료동화라는 방법이 있어요.

6장

바다와 국력

1
바다 연구가 국력으로

바다에서 일어나는 물리 현상은 우리 주변에서 볼 수 있는 유체와 관련된 자연 현상 중 가장 크고 집합적이며 응용 가능한 모든 경우를 포함하고 있습니다. 따라서, 이러한 주제에 대한 공부와 연구는 종합적인 사고와 다양한 관점에서 볼 수 있는 전문 지식이 요구되고, 특히 수학과 물리, 통계 등의 기초과학을 전제로 한 논리적인 사고와 이를 바탕으로 자연을 이해하고 응용하는 깊이 있는 공부를 필요로 합니다.

시간과 노력을 들인 만큼 결과가 얻어지지 않는다면 보통은 중도에 포기하기 쉽습니다. 바다에 대한 이해 역시 이러한 일 중 하나가 되기도 합니다. 이는 바다라는 대상이 너무 크고 광범위하게 여겨지기 때문에 그런 것이 아닌가 싶습니다. 그래서 소정의 결과를 얻기까지 인내하지 못하거나 지속적인 투자가 쉽지 않아 빈손으로 돌아가는 경우가 많다고 생각합니다. 하지만 여기서 우리가 주목해야 하는 것은 오늘날까지 바다에 대한 연구가 주요 선진국들

위주로 진행되어 왔고, 이러한 투자들은(해군력 및 기후 변화를 포함한 해양 모니터링의 관점에서) 결국 국력 상승이라는 큰 보답으로 돌아온다는 것입니다. 우리 나라 역시 이런 흐름과 대열을 고려할 필요가 있으며, 더 나아가 선도해야 한다고 생각합니다.

바다는 서로 다른 나라들을 사이에 두고 접해 있는 유동적인 성질의 것이기 때문에 영토와 같이 선뜻 우리의 영역으로 여겨지지 않는 경우가 있습니다. 하지만 분명 우리의 주권이 미치는 영역이고 이는 또한 대양과 전 지구의 바다의 일부분으로서 서로 영향을 주고받습니다. 따라서, 단지 바다를 학문으로써 공부하고 연구하는 학자로서만이 아니라 국제 사회 및 국제 회의에서 국익을 위해 목소리를 낼 수 있는 해양학자로서 나라를 대표하는 일은 매우 유의미하고 보람있는 일입니다. 가까운 예로 동해에 대한 지명을 놓고 이루어지는 분쟁과 독도와 관련된 사안이 있습니다. 이에 대한 지식과 소신을 가진 학자들이 더 많이 배출되기를 바랍니다.

해양 분야를 연구하는 학자로서의 큰 바람이 있습니다. 젊은 세대들이 바다에 대한 책임감과 관심을 가지고 많이 뛰어들어 주었으면 하는 것입니다. 아직은 희소한 분야이지만 그만큼 가능성도 크다고 생각합니다. 자연에서 일어나는 일들을 이해하고 해석하는 일들이 결코 쉬운 일이 아니어서, 이 분야의 최전선에서 일할 때마다 보람과 함께 부족함도 느낍니다. 따라서, 부디 젊고 명석한 학생들이 책임감과 나라를 사랑하는 마음으로 이 분야에서 같이 할 수 있기를 바라며 여러분들을 초청해 봅니다.

2 국제기구 및 국제회의에 참여하며

앞서 해양학자가 국제기구 및 국제회의에서 활동할 수 있다는 점을 언급하였습니다. 그렇다면 구체적으로 어떤 방법과 역할이 있을까요? 현재 다수의 국내 해양학자들이 활발히 활동하며 저변을 넓혀가고 있습니다. 저 역시 짧지 않은 기간 동안 다양하고 유익한 경험들을 하였습니다. 이에 독자들과 미래의 해양학자를 꿈꾸는 이들을 위해서 저의 경험을 나누어 보고자 합니다.

북태평양 해양과학기구(PICES)

북태평양 해양과학기구(North Pacific Marine Science Organization; PICES)는 북태평양의 6개 국가(러시아, 미국, 일본, 중국, 캐나다, 한국; 가나다순)의 해양과학과 해양정책과 관련된 학술교류를 포함하는 국제기구로서, 7개의 큰 주제별 커미티가 있고, 각 커미티에는 각 나라의 대표 해양학자 및 정부관계자들이 참석합니다. 6개의 나라들이 차례를 바꾸어 가며 연례회의를 주최하고 있습니다.

이 기구 내의 조직에서는 의사결정하는 과정이 체계적으로 되어 있고, 서로를 존중하며 지속적으로 의견을 묻고 듣는 과정이 포함되어 있습니다. 따라서, 평소에 경험하기 힘든 절차와 순서로 인해 자칫 비효율적이라는 인상을 받을 수도 있습니다. 하지만 서로 다른 배경과 이해를 가진 각 나라 간의 합의와 교류를 위해 정해진 절차로 여기고 따르는 동안, 이 기구만의 다른 면모를 볼 수 있습니다.

저는 해양관측과 모니터링을 주요 주제로 한 커미티의 속해 있으며 매년 한국에서 진행 중인 해양관측에 관하여 소개하고 커미티에 참여하고 있는 다른 나라 및 전 지구 해양관측 정보를 공유합니다.

과학자의 입장에서 공부하는 바다에는 경계가 없어야겠지만, 이 기구의 회의에 참석하면서 동해 지명이나 독도와 같이 첨예한 사안에 대해서는 과학의 힘으로 그 입지를 더 넓혀야겠다는 생각을 하게 됩니다. 국제기구에 참여하면서 바다를 공부할수록 바다에 관한 정보의 전쟁, 바다를 아는 깊이의 전쟁 역시 무역이나 외교와 마찬가지로 계속 진행 중에 있다고 생각합니다.

2000년도 중반부터 미국과 유럽을 중심으로 육지로부터 접근도가 높은 연안(해안선으로부터 100 km 내의 영역)에서 일어나는 바다의 물리 현상을 다양한 장비를 이용하여 동시관측을 수행하고, 바다를 보다 종합적으로 이해하고자 하는 연안관측 시스템이 구축되고 있었습니다. 해양정보를 과학뿐만 아니라 수산(식량자원의 개발과 보전), 스포츠, 레저, 안전(오염물 추적 및 조난사고 수색 등), 해군정보 등의 다양한 범위에서 응용하기 위한 노력의 일환

그림 6.1 북태평양 해양과학기구 모니터 커미티 연례회의 후(2017년)

으로 현재는 여러 나라에서 통합적인 관측 시스템을 운용하고 있습니다. 북태평양 해양과학기구에서는 연안해양관측에 집중하여 각 나라별로 연안에서 일어나는 물리 현상과 해결하고자 하는 현안 및 중요한 주제들에 관하여 도전하며 배운 전문지식과 경험을 공유하는 통합연안관측 시스템의 자문위원 위원회를 구성하였습니다. 오리건 주립 대학의 Jack Barth와 저는 2016년부터 이 자문위원회의 공동의장을 맡아 연례회의, 여름학교, 문서화 작업 등 여러 가지 활동을 해 오고 있습니다. 이 중 여름학교는 젊은 과학자들에게 해양관측의 지식과 노하우를 전수해 주고자 여름방학 중 대학원생과 박사후 연구원들을 대상으로 개최하였습니다(2013년 미국 오리건, 2018년 캐나다 빅토리아, 2020년 일본 가고시마 예정). 국제회의를 준비하고 참석하고 진행하면서,

상호 간의 존중과 국제회의에서의 관례 및 공식적인 절차들에 대해 배우고 익히며 다른 나라 과학자 및 정부 관계자들과 대등한 위치에서 교류하는 경험을 할 수 있었습니다.

또한, 북태평양 해양과학기구 내에서는 시대의 흐름을 따르는 주요한 연구 주제와 국제사회에서 관심이 필요한 주제를 선별하여 최대 3년간 각 나라별 관심있는 학자들을 모아 연구 그룹을 구성하여 의미있는 결과들을 내고 있습니다. 저는 '중규모 및 아중규모 프로세스' 그룹에 참여하여, 기존의 위성을 이용한 중규모 연구와 제가 연구하고 있는 표층 아중규모 물리현상에 대한 소개 및 학문적 교류를 할 수 있었습니다. 또한, 연구 그룹 내에서 논의된 내용을 논문이나 문서의 형태로 준비하는 과정을 통해 다양한 교류를 할 수 있었습니다.

OceanObs'19 프로그램 커미티

위에서 언급된 것처럼, 해양관측은 특정한 장비나 어떤 한 지역만을 관측해서 얻을 수 있는 결과가 이를 수행하기 위해 필요한 비용과 시간에 비해 아주 제한적이기 때문에, 국내 및 국외 연구진들과의 협업과 공동연구를 통해 대형 연구를 수행하거나 완결성 있는 연구를 수행하는 경우가 많습니다. 특히, 장기 관측 또는 위성 등을 이용한 원격 탐사는 개인 단위의 연구진이 수행하기에는 어려운 점이 있어, 국가 또는 대규모 연합(미국 항공우주국 또는 유럽연합 위성센터)의 거대 연구과제를 통해 전 지구 해양 표층의 해수면 높

그림 6.2 북태평양 해양과학기구 여름학교(2013년, 2018년)

이, 온도, 염도를 관측하는 연구가 진행되고 있습니다. 다양한 규모의 해양 물리 현상 및 생물과 화학이 연관된 자연현상 중에 아직 관측되지 않은 현상들이 많습니다. 10년마다 열리는 해양관측분야의 중요한 학회로 지난 2009년 이후 올해 2019년에 OceanObs'19의 프로그램 커미티에 참여하게 되었습니다. 대규모 학회를 기획하며 준비하고 세부 사항을 결정하면서 제가 배우고 느낀 소회를 공유하고자 합니다.

그림 6.3 OceanObs'19 로고

큰 회의를 구성하는 데 있어 해양분야 전문인력뿐 아니라 다른 분야의 전문 인력 또한 필요합니다. 다양한 결정과 논의를 위해 작은 일들이 준비되어야 하고, 논의된 내용의 문서화와 이를 세계 각지에 있는 커미티들과 공유하고 원격회의들을 통해 서로의 의견을 조율하는 등 다양한 방법과 노력을 통해 학회 준비됩니다. 각 분야의 유망한 연구자에 대한 정보와 네트워크를 가진 사람들이 프로그램 커미티로 모여, 초청연사와 패널 구성, 제출된 초록과 논문을 심사하고, 유사 주제 간의 분류 및 조율을 하며 다양한 의견을 듣고 수렴하는 과정을 거치게 됩니다. 학회의 큰 주제에 맞추어 각 요일별 주요한 연구 주제가 구성되고, 요일 간의 일관된 흐름과 균형도 고려합니다. 전 세계 모든 나라가 프로그램 커미티로 참여하는 것은 아니기 때문에 균형과 전문성을 모두 고려한 결정이 요구됩니다.

그림 6.4 OceanObs'19 프로그램 커미티 및 스폰서 커미티 단체사진

이러한 과정에서 필요한 것은 사람들과의 의사소통이며 순간적인 결정과 판단입니다. 코트에서 하는 배드민턴, 탁구 등 한 쪽에서 공을 보내면 다른 편에서 공을 보내줘야 가능한 운동인 것처럼, 의사소통의 경우도 한 쪽에서 의견을 이야기하는 경우 상대편에서 질문과 의사표현을 통해 수긍과 반론 등의 표현함으로 논의가 되고 의견이 수렴될 수 있습니다.

국제연합(United Nations) 세계해양환경평가(World Ocean Assessment) 및 기후변화 기술보고서

국제연합에서는 4년 주기로 전 지구 해양환경을 분석한 문서를 출판하였는데, 이를 위해 전세계 해양 물리, 생물, 화학, 지질 분야의 학자들이 주저자와 리뷰어로 전문가 팀을 구성하여 작성합니다. 이 문서의 목적은 전 세계 해양 자원 및 환경의 종합적 관리와 각 지역 및 나라별 과도한 해양의 사용과 오염, 보존을 위한 공식자료로 사용하기 위한 것입니다.

리뷰어와 저자로 2014년에는 1주기 보고서 작성에, 2018년부터는 2주기 보고서 작성에 참여하고 있습니다.

그림 6.5 국제연합 세계해양환경평가 1주기 보고서 및 국제연합 해양 및 대기의 기후변동에 관한 기술보고서 표지

카블리 프론티어 컨퍼런스(Kavli Frontier Conference)

2013년 여름 미국 한림원(US National Academy of Science)의 젊은 과학자들과 한국과학기술한림원(Korean Academy of Science and Technology)의 젊은 과학자들이 캘리포니아 카블리 재단에 모여 한국과 미국의 자연과학 분야의 세부 분야 관련 전공자들 간 교류하는 시간을 가졌습니다. 저는 지구과학 분야의 물리해양 전공자로 참석하였고, 연안에서 관측한 대규모의 표층해수유동장 네트워크와 이를 이용한 해양연구 및 응용기술에 대해 소개하였습니다. 지구과학 이외에 물리, 화학, 생물, 의과학 분야의 발표를 듣고 교류하며, 한국인 과학자들과도 서로 알게 되는 유익한 시간이었습니다. 발표를 하고 들으며 자신의 전공 분야 이외의 다른 전공을 이해하고 아는 것이 쉬운 일은 아니지만, 그만큼 과학자로서 대중과 타분야의 사람들에게 나의 전공 분야를 가지고 다가가는 일을 고민해야 한다는 숙제를 주는 시간이기도 하였습니다. 한국인 과학자들과 모닥불에 앉아 늦게까지 이야기하였던 즐거운 추억을 가졌고, 이는 모임을 마친 후에도 카이스트에서 참석하셨던 몇몇 교수님들과 정기적인 모임을 할 정도로 좋은 계기가 되었습니다.

6장은 모두가 요약을 도와줄게요.

- 바다를 아는 것이 국력이에요.
- 바다에 관심을 가지고 공부해 보고, 큰 사람이 되면 좋겠어요.